浙江省普通高校"十三五"新形态教材

设计+室内外手绘
表现技法

傅瑜芳　鞠广东　孙嘉伟　主编

U0303955

电子工业出版社
Publishing House of Electronics Industry
北京·BEIJING

内容简介

本教材是基于高等职业教育的特殊性、市场的需求、行业的发展和"互联网＋"及在线开放课程等因素而形成的一本新形态教材，旨在培养具有一定室内外设计及设计理念，同时具有室内设计及室内软装饰工艺技术能力的综合性、实用性人才。全书体系由设计思维及表达、手绘表现技法基础、基础表现训练部分、上色表现技法训练、创作表现技法训练、作品案例分析和附录七大模块组成，并拟定了每个环节的训练任务。在各训练任务中又分别设置了具体的模块和知识点，从而细化工作内容，使得学习目的明确。本教材根据学习手绘的三个阶段安排教学内容，根据难易程度，循序渐进，满足不同基础读者的学习需求。

本书可作为高职高专院校建筑设计类专业教材。

图书在版编目（CIP）数据

设计＋室内外手绘表现技法 / 傅瑜芳,鞠广东,孙嘉伟主编 . -- 北京：电子工业出版社，2021.11
ISBN 978-7-121-42549-3

Ⅰ.①设… Ⅱ.①傅… ②鞠… ③孙… Ⅲ.①建筑设计–高等学校–教材 Ⅳ.①TU2

中国版本图书馆CIP数据核字（2021）第270785号

责任编辑：魏建波

印　　刷：北京东方宝隆印刷有限公司
装　　订：北京东方宝隆印刷有限公司
出版发行：电子工业出版社
　　　　　北京市海淀区万寿路173信箱　邮编100036
开　　本：787×1092　1/16　　印张：14.75　字数：377.6千字
版　　次：2021年11月第1版
印　　次：2021年11月第1次印刷
定　　价：59.90元

凡所购买电子工业出版社图书有缺损问题，请向购买书店调换。若书店售缺，请与本社发行部联系，联系及邮购电话：（010）88254888，88258888。

质量投诉请发邮件至 zlts@phei.com.cn，盗版侵权举报请发邮件至 dbqq@phei.com.cn。

本书咨询联系方式：（010）88254609 或 hzh@phei.com.cn。

编 委 会

引 言

"画吧，安东尼奥，画吧，安东尼奥，画吧，切莫虚度光阴。"——米开朗基罗

"作画并不是随心所欲的涂抹，它应该是一种创作技巧。一个艺术家首先必须是一个好的工匠。"——雷诺阿

"道在日新，艺亦须日新，新者生机也；不新则死。"——徐悲鸿

"中国建筑之个性乃即我民族之性格，即我艺术及思想特殊之一部，非但在其结构本身之材质方法而已。"——梁思成

"越是民族的，越是世界的。"——贝聿铭

......

前　言

　　21世纪，随着人工智能的出现，智慧教育、智能教育的提出相应成为教育发展新方向，随之配套的互联网＋在线开放课程应运而生；线上、线下一系列课程发展得如火如荼，顺应了时代的发展变化。室内艺术设计专业的设计表现类课程也是趁着这个"互联网＋教育"时代和搭建好的各类平台，发挥其优势，特别是作为造型基础与技巧的室内外设计基础技术手绘表现类课程。本教材也正是搭乘着"互联网＋"和"思政教育"的时代列车，来进行多维度、多方位、多知识点和多资料进行阐述的。教材部分章节通过中外很多艺术家、设计师，特别是国内老一辈的建筑师、设计师的手绘案例及作品介绍，形成具有鲜明的、独特的手绘特色理论、表现操作体系，这是本教材项目建设改进的方向之一；将室内透视效果设计的表现，融入其他的室内专业课程中，使表现技法的多样化融入时代特色是本教材项目建设改进的方向之二。

　　本教材是基于高等职业教育的特殊性、市场的需求、行业的发展和"互联网＋"及在线开放课程等因素而形成的一本新形态教材，旨在培养具有一定室内外设计及设计理念，同时具有室内设计及室内软装饰工艺技术能力的综合性、实用性人才。全书体系由设计思维及表达、手绘表现技法基础、基础表现训练部分、上色表现技法训练、创作表现技法训练、作品案例分析和附录七大模块组成，并拟定了每个环节的训练任务。在各训练任务中又分别设置了具体的模块和知识点，从而细化工作内容，使得学习目的明确。本教材根据学习手绘的三个阶段安排教学内容，根据难易程度，循序渐进，满足不同基础读者的学习需求。第一阶段：为手绘的基础阶段，内容包括第一章到第三章，主要针对绘画基础薄弱的学习者，了解设计思维及表达、速写思维方式的转变、设计工具及基本功能介绍、透视的概念、透视的术语、种类及比例、构图等概念形式等；并掌握如何用单色线条表现单体及透视关系和家具陈设表现练习，并能了解写生实践训练对设计表现的重要性。第二阶段：为手绘快速提升阶段，是学习手绘的重要阶段，内容包括第四章到第五章，需要读者学习对颜色的理解，掌握彩色铅笔表现、钢笔淡彩表现、水彩效果表现、马克笔上色技法、配色的运用、色彩与陈设的结合，以及色彩与室内空间的关系等。第三阶段：是作品案例分析和综合学习阶段，即第六章的案例及作品、快题分析。通过本章学习，了解并掌握建筑景观案例空间、住宅空间、公共空间、景观小品等室内外空间手绘的表现，帮助读者快速提升综合设计能力和手绘表现能力。

　　本教材在编写过程中得到了许多院校师生的大力支持和鼓励。非常感谢中国美术学院夏克梁导师的指导，感谢鞠广东老师、刘蔚老师、刘国银老师和郭焱设计师、张健设计师等积极提供教学作品和编写意见；同时感谢高鹏、蔡艳华、鲁江、张健、章运、邹晶、徐银、曹德斌、金小军、谷晓龙、冯云松、李卫联、熊小颖、李曌凡、陈佳、叶博宇、张杰、许冬雨等师生积极提供的优秀作品。

　　最后，由于编写时间仓促和编著者水平有限，教材中尚存在着不少疏漏和不妥之处，敬请相关专家、同行及读者批评指正！

编者

2021年7月

目　录

第一章 设计思维及表达

本阶段教学引导	
教学目标	通过本章的学习，了解设计思维及表达的概念，包括透视与透视现象、透视的发展、透视现象的原理分析；要求学生熟悉手绘功能及特点。
教学方法	运用多媒体教学手段，并通过图片、PPT 课件、视频及微课来讲解分析和辅助教学，帮助学生了解设计思维及表达概念，熟悉手绘功能及特点等。
教学重点	本阶段的重点内容是了解透视与设计表现课程简述；通过课程知识点的学习，熟悉设计思维及表达概念及速写思维方式的转变；了解设计工具及基本功能；本阶段的难点是速写思维方式的转变。
作业要求	在本阶段的学习中，通过课程知识点的学习，要求熟悉手绘功能及特点；通过蒙图练习，把握线条、体快与光影的关系；处理技巧和排线方式；具体作业为排线及蒙图练习 6 张。

第一节 设计思维及表达概论

众所周知，我们现在所能学的所有艺术（包括美术、音乐、戏剧、戏曲、舞蹈等领域），也包括现在的手绘表现艺术，一直以来都是以上各领域专业爱国教育者、艺术家、设计师们筚路蓝缕、呕心沥血钻研传承下来的。手绘表现就是建筑师、室内设计师必备的基本技法，因为手绘能够很好地表达建筑师及室内设计师的设计表达思想。试想如果一个设计师有再好的想法，但是没有一点作图功底的话，是不是茶壶里煮饺子——肚里有货倒不出呢？所以，好的心态是迈向成功的秘诀，这里罗列以下几点：

为什么你画不好？①没有信心；②缺乏绘图技巧；③期望值过高；④缺少练习；⑤喜欢与他人比较或竞争；⑥不愿接受批评；⑦害怕出错。

总结得出，优秀的手绘作品都来自长期经验的积累：首先是观察方法和造型能力的训练，通过训练来解决设计图纸构图布局、色彩搭配、空间布局等问题。其次是现在开始行动，只需一天练习一个长仿宋字的写法，一天一张速写，一周一张效果图（只找 2~3 个小时就能画完的那种范本或画法）即可。

迈向成功的六个阶段（从最差到最优）：①抱怨他人与环境；②痛恨自己；③欣赏自己；

④欣赏他人；⑤帮助他人；⑥帮助对手。

七个层次的人（从最差到最优）：①急躁；②死板；③落后；④紧张；⑤放松但骄傲；⑥放松，与人分享；⑦放松，与人分享，忠诚，谦和。

那么，什么是设计思维呢？我们可以从百度或者 Google 上查询整理得知，设计思维有两点解释：一是积极改变世界的信念体系；二是一套如何进行创新探索的方法论系统，包含了触发创意的方法。总的来说，设计思维以人们生活品质的持续提高为目标，依据文化的方式与方法开展创意设计与实践。总结得出，设计思维的定义是：作为一种思维的方式，它被普遍认为具有综合处理能力的性质，能够理解问题产生的背景，能够催生洞察力及解决方法，并能够理性地分析和找出最合适的解决方案。在当代设计和工程技术当中，以及商业活动和管理学等方面，设计思维已成为流行词汇的一部分，它还可以更广泛地应用于描述某种独特的"在行动中进行创意思考"的方式，在 21 世纪的教育及训导领域中有着越来越大的影响。在这方面，它类似于系统思维，因其独特的理解和解决问题的方式而得到命名。在设计师和其他专业人士当中有一种潮流，他们希望通过在高等教育中引入设计思维的教学，唤起对设计思维的意识。其假设是，通过了解设计师们所用的构思方法和过程，理解设计师们处理问题和解决问题的角度，个人和企业都将能更好地连接和激发他们的构思过程，从而达到一个更高的创新水平，期望在当今的全球经济中创建出一种竞争优势。

一、透视

透视学的概念是：研究各种透视现象在平面上如何用线来表现它的规律的学科（我们的目的是有利于主题的表现）。透视学的功绩是在二维平面上创造三维空间的幻象。例如，在平面的纸上画出两组几何形体，A 组画的是不重叠的几何体，看上去就像在同一平面上，如图 1-1 所示；B 组画用"重叠法"将画中诸类形体画成前后重叠状，看上去有前后空间感，形体完整的在前面，离观者近；形体被遮挡的不完整几何形在后面，离观者远，如图 1-2 所示。

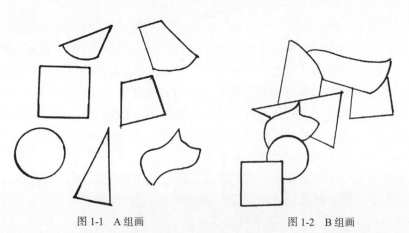

图 1-1　A 组画　　　　　　　　　图 1-2　B 组画

写实绘画以透视学为基础。透视学的发生和发展与绘画、建筑艺术实践有着密切关系。人们对透视原理的认识可追溯到公元前 15 世纪。透视作为数学与几何学的一个独特分支，对其研究始于 15 世纪文艺复兴时期，完成于 18 世纪中叶。"透视"就是透过透明平面来观看景物，从而研究其现状的意思。"透视学"就是在平面上研究如何把我们看到的物象投影成形的原理和法则的学科。在远古时期，人们用上下错位表示远近，近的在低处，远的在高处。古埃及和古希腊时期，以图形重叠表示远近，人们将对象排列在带状横条中，横向表现对象间隔距离。古罗马时期出现了平行透视，文艺复兴初期，意大利人乔托摒弃了中世纪绘画的平面、程式和装饰化的风格，用透视和明暗表现景物，使之产生层次、距离和体积感，如图1-3、图1-4所示。

图1-3　德丢勒《画家画肖像》木版画，1525年

图1-4　埃及墓室壁画《女哀悼者》

透视学的发展和研究与科学发展有关，也和人们的审美需求有关。如意大利文艺复兴时期，佛罗伦萨画家乔托的壁画《加纳婚宴》所表现的场景，就是将餐具画在"水平"的桌面上，在那个年代应该是很了不起的创举，如图1-5所示。

图1-5　乔托《加纳婚宴》

到了15世纪，透视学在意大利蓬勃发展，相关论文层出不穷，其中最具影响力的人物就是建筑师布鲁乃列斯基，画家、建筑师阿尔贝蒂和画家佛朗西斯卡。建筑师布鲁乃列斯基于1420年在佛罗伦萨发现了在古希腊罗马之后失传已久的中心透视法。据说他画出了通过佛罗伦萨大教堂的门所见的洗礼堂，作画之前他在教堂门上蒙了一张网，通过网格画成教堂的准确图形，以此探究透视原理。然而绘画学中表现空间距离的主要方法形成于15世纪末，意大利画家达·芬奇阅读了13世纪波兰学者维太罗的透视学著作以及佛朗西斯卡的《绘画透视学》和阿尔贝蒂的《绘画论》，写了不少关于透视学、画家守则和人体方面的笔记，后人将其整理成《画论》出版。该著作将透视比作"绘画的缰和舵"，并将透视分为线透视、

大气透视和消逝透视。达·芬奇著名的壁画《最后的晚餐》，运用平行透视线引向主人公耶稣的头部，是美术史上用透视技法最突出主题的典范作品，如图 1-6 所示。

图 1-6 达·芬奇《最后的晚餐》

　　达·芬奇所称的"线透视"，即现代绘画透视着重研究和应用的线性透视，而线性透视的重点是焦点透视，它具有较完整、较系统的理论和不同的作图方法，透过透明平面来观察研究物体的形状，简单来说即透而视之。线性透视是指 14 世纪文艺复兴以来，逐步确立的描绘物体、再现空间的线性透视学透视的方法和其他科学透视的方法。它是画家要求理性解释世界的产物。其特点是逼真再现事物的真实关系，是写生绘画重要的基础。达·芬奇把绘画与雕刻的原理应用到透视学上，他确定了影响远近知觉的 5 种因素，从而奠定了现代科学透视的基石，即线条透视（物体越远，视角越小）、焦点透视（物体越远，细节越模糊）、空气透视（山越远越蓝，是由于空气和烟雾的影响）、移动透视（注视近物而头摇动则该物与头同向移动，注视远物头摇动则远物与头反向移动）、双眼视差（左右眼对同一物所见不完全相同）。根据这种透视方法所描绘的物体最接近眼睛所感受到的事物的真实，先人经历无数研究得出的这些法则，现在我们从照片中很容易就可以体会到，如图 1-7、图 1-8 所示。所有物体由于位置不同而呈现出来的轮廓线变化都属于线性透视。线性透视是观看和识别画面空间距离最为有效的表现手法。我们通常称的"透视"就是线性透视。

图 1-7 达·芬奇作品 1　　　　　　图 1-8 达·芬奇作品 2

"透视学"发展到 17 世纪下半叶，意大利画家、建筑师波佐为罗马教堂所作的著名天顶画《圣依格勒堤阿斯的荣耀》，通过透视巧妙处理，使得教堂内部建筑显得高了不少。他于 1693 年出版的透视学著作中，图文都很精美。我国清代雍正七年（1729 年）刊印的由年希尧和郎世宁合著的《视学》为我国第一本透视书，根据波佐《建筑透视》所改写。我们今天知晓的透视图法及其依据的全部原理，是由英国数学家泰勒在 1715 年出版的《论线透视》一书所确立的。到 19 世纪，有些学者根据双目视觉和拱状视网膜对视觉和边缘视觉的影响，对透视形成中的眼球运动和影响视觉的种种心理因素作了调查研究。进入 20 世纪，一些现代透视实例转向主观因素，有意运用变形强调空间或破坏空间。如西班牙画家萨尔瓦多·达利的作品，利用透视强烈的三度空间效果，做出夸张透视、复合透视，以及异样空间同处等虚构的空间，如图 1-9 所示。

图 1-9　萨尔瓦多·达利《十字架上的基督》

二、透视现象

（一）透视现象的原理分析

透视现象是在客观世界中，由于我们视觉的原因，而产生客观物体的近大远小、近宽远窄、近高远低的压缩与变形。它是一种由错觉产生的线性空间的变形。透视学与绘画、建筑、艺术实践有着密切关系。人们对透视原理的认识可以追溯到公元前 1—5 世纪，透视作为数学和几何学的一个独特分支，对其研究始于 15 世纪文艺复兴时期，完成于 18 世纪中叶。

1.线性透视

线性透视也称线条透视、几何透视，是根据光学和数学的原则，在平面上用线条来图示物体的空间位置、轮廓和光影的科学；按照灭点的不同，分为平行透视（一个灭点）、成角透视（两个灭点）和斜透视（三个灭点）。因为透视现象远小近大，所以也叫"远近法"。其表现形式有以下几个方面：①体积相同的物体，距离近时，视觉影像较大，远时，则小；距离较近时，宽度相同的物体视觉影像较宽，远时，则窄。这是由人眼的视角形成的规律。②位于视平线以上的物体，近高远低；位于视平线以下的物体，近低远高。在现实生活中，人眼观看远近景物的透视规律如下：①物体远近不同，人感觉它的大小不同，越近越大，越远越小，最远的小点会消失在地平线上。②有规律地排列形成的线条或互相平行的线条，越远越靠拢和聚集，最后会聚为一点而消失在地平线上。③物体的轮廓线条距离视点越近越清晰，越远则越模糊。而在线性透视理论确立以前，世界各地由于不同文化的制约，已经形成了丰富多彩的自发表现立体空间的方法。在距今 3 万年的旧石器时代的洞窟壁画中就有所运用。这些再现空间的方法，是画家们依靠感官认识世界的体现。

2.纵透视

纵透视是指在平面上把离视者远的物体画在离视者近的物体上面。中国古代构图法中称"高远法"，即近低远高。今天称为"透视"的术语，在传统中国绘画中叫作"远近法"。在人类早期的绘画艺术中经常可以看到这种手法的应用，最典型的是埃及墓室壁画和古希腊瓶画的构图（见图 1-10），远景作为一条横带完全置于近景横带之上。横向表现对象间隔距离，不表现空间深度，但从中也能看到画家对画面空间的探索，以图形重叠遮挡表示远近距离，如古埃及墓道壁画（见图 1-11）。在儿童画中我们也很容易看到，所有物体都放置在一个平面上，物体没有近大远小的区别，只是通过物体的高低位置来体现透视感。现代很多画家也经常使用这种方法，描绘出的世界往往带给我们特别的感受。

图 1-10 古希腊瓶画　　　　　　　　　　图 1-11 古埃及墓道壁画

3.斜透视

斜透视是指离视者远的物体，沿斜轴线向上延伸。例如，在宋朝张择端的《清明上河图》这幅作品中（见图 1-12），我们明显可以看到这样的表现手法。这里不同于焦点透视中的斜透视，西方传统画里以单一固定视点观看景物，如同普通摄影一样，称为定点透视，也称为净透视和焦点透视。斜透视分为斜仰视和斜俯视。斜俯视是视线及视平面向上倾斜于地面，则画面下斜于地面。斜俯视是中视线及视平面向下倾斜于地面，则画面上斜于地面。在室内透视图中，根据平行透视（一点透视）框架图心点在视平线上左右移动，也会形成一点斜透视，如图 1-13、图 1-14 所示。

图 1-12 （宋）张择端《清明上河图》

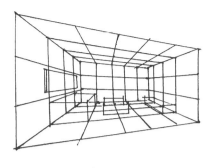

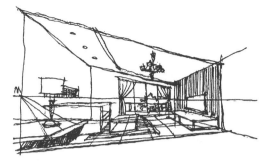

图 1-13 一点斜透视框架图　　　　　　图 1-14 一点斜透视效果图

4.重叠法（又叫遮挡法）

重叠法是将前景物体画在后景物体之上，利用前面的物体部分遮挡后面的物体来表现空间感。在透视的研究对象方面，画面中景物的立体感和空间距离感可以用重叠法，正如前面所提：将画中诸类形体画成前后重叠状，令人感到形体完整的在前面，离观者近；形体被遮挡的不完整几何形在后面，离观者远。物体层层重叠，令人感到一层比一层更远；不重叠的图形，看上去就像在同一平面上。在众多的儿童画作品中，小朋友们往往采用混合式的绘画空间来表现他们对世界的认知，而主要的空间表现方式就是"左右上下关系"和"部分遮挡关系"，其实就是简单重叠关系，同时遮挡法让作者在有限的画面内表现更多内容成为可能，如图 1-15、图 1-16 所示。

图 1-15 儿童装饰画（图片来自网络）　　　　　图 1-16 儿童水彩画（熊言）

5.近大远小法

近大远小，近实远虚。这是素描绘画和透视设计里最常见的术语。将远的物体画得比近处的同等物体小，这也是现代线性透视学的重要理论基础（见图 1-17、图 1-18）。文艺复兴时期意大利著名画家达·芬奇提出透视的观点：平行线远伸聚焦一点，使路面看上去近宽远窄，等大物体看上去近大远小。同样大小的物体，离视线近的看上去大，离视线远的看上去小。要画出物体的"近大远小"的透视变化，关键在于定出物体的透视高度，然后才能画出物体的透视大小。公元前 5 世纪，我国南北朝画家宗炳（公元 375—443 年）在《画山水序》中写道："今张绢素以远映，则崐阆之形可围于方寸之内。竖划三寸，当千仞之高；横墨数尺，体百里之迥。"又说"去之稍阔，则其见弥小。"那"张绢素以远映"，就是镜面像的透视方法。宗炳也以半透明的素色薄绸当作透视画面，用中心投影原理论述近大远小的透视规律。然而中国山水画却始终没有运用这种透视法，并且始终躲避它，因为中国绘画重视神似不苛求形式的传统，未能使透视图法在中国形成和发展。

图1-17　荷兰风车摄影作品（图片来自网络）

图1-18　人物特写摄影作品（图片来自网络）

6.近缩法

在同一个物体上，为了防止由于近部正常透视太大，而突出遮挡远部的表现，为此有意

图1-19　米开朗基罗《利比亚女先知》

缩小近部，以求得完整的画面效果。在中国古代所建造的佛寺中常见地把大佛塑造得往上逐渐膨大，实际上就是近缩法的运用，使人在其下仰视时避免过度的近大远小变化，并得到完整的视觉效果。文艺复兴时期意大利著名美术三杰之米开朗基罗·博那罗蒂（Michelangelo Buonarroti）在梵蒂冈西斯廷礼拜堂顶部画的诸多湿壁画基本都采用了"近缩法（foreshortening）"。如《利比亚女先知》，该画规模宏大，而且使用了"近缩法"使女先知从远处看上去不失比例，但米开朗基罗绝不忽视每一个细部，发型和服饰的细致处理一样使人感到震惊。女预言家利比亚是西斯廷教堂内壁画的一部分，是先知和巫女的形象。她正翻开一本书，扭曲着的身体极富动感，严谨的人物造型和画家独特的"明暗均衡法"使人物产生了雕塑般感觉，红色衣裙和绿色衬布对比强烈，使观赏者不能不由衷地赞叹大师高超的艺术魅力（见图1-19）。

7.空气透视法

空气透视法是借助空气对视觉产生的阻隔作用，表现绘画中空间感的方法，它也是由达·芬奇创造的。它主要借助于近实远虚的透视现象表现物体的空间感。其特点是产生形的虚实变化、色调的深浅变化、形的平面变化、形的繁简变化等艺术效果，是物体因空间距离不同而发生的明暗、形体、色彩变化的视觉现象。明暗变化：近处物体的明暗对比强，色彩丰富，层次明显；远处物体的明暗对比变弱，层次变少，明暗色调渐变趋于接近而呈现一片灰色，且这种变化不受光照角度的影响。形体变化：近处的物体形体轮廓清晰，物体愈远，形体轮廓愈模糊。因空间距离不同而发生的形体轮廓清晰度的变化，也叫"隐形透视"。室内素描写生由于物象间距离很近，空气透视变化不如风景的明显。其虚实关系的艺术处理，是按空气透视的规律进行的。在画轮廓时，要依空气透视原理，以浓淡、轻重不同的线条画出空间感觉，从而避免"铁丝框"般的轮廓线，使线条生动而富有表现力。空气透视法，又叫薄雾法、晕涂法，以调色手法模拟物体在远处受大气作用，进而呈现颜色变化，以引起景深层次的视觉错觉。由于空气的阻隔，空气中稀薄的杂质造成物体距离越远，看上去形象越模糊的视觉效果，正所谓"远人无目，远水无波"，部分原因就在于此。同时存在着另外一种色彩现象，由于空气中蕴含着水汽，在一定距离之外物体偏蓝，距离越远偏蓝的倾向越明显，这也可归于色彩透视法，如图1-20、图1-21所示。晚期哥特式风格的祭坛画常用这种方法造成画面的真实性。

图1-20　摄影作品（图片来自网络）

图1-21　摄影作品（图片来自网络）

8.色彩透视法

色彩透视法是因为空气的阻隔，同样颜色的物体距离近则色彩鲜明，距离远则色彩灰淡。也就是色彩的明度、纯度和彩度，由于空间距离的拉大而逐渐降低和变灰；近处的色彩、色相标准清晰，远处的模糊，暖色逐渐变冷变灰，冷色逐渐变暖变灰。自然界中的物体与我们的眼睛之间存在着一层空气，而物体反射的色光通过空气这个介质传递给我们的眼睛，随着眼睛与物体距离的变化，空气厚度的增加，从而使物体的色彩在视觉上发生了变化。物体离我们的距离越远，空气的厚度就越大，色彩的感觉就越弱，这种变化着的现象就叫作色彩透视。介于肉眼与物体之间的媒质，会使物体变成媒质的颜色。如蔚蓝的空气使远山葱茏，眼睛透过红玻璃所见的一切都被"染"红了。介于物体与眼睛之间的媒质越厚，物体越失去本来的颜色。空气本身没有色、香、味，而是类似于它后面的物体。只要距离不大，湿气不过重，那么背后的黑暗愈深浓，蓝色就愈美观。因此可见，阴影最浓的山在远方呈现最悦目的蓝色，但是被照得最亮的部分只显示山体本来颜色，不显出介于眼睛与山之间的大气给予的颜色。空气愈接近地面，蓝色愈浅；愈远离地平线，蓝色愈浓。空气的洁净度也对色彩透视产生着影响，在一些环境好、空气清洁度高的地域，我们的视野可以看得很远；而在有雾的天气状况下，几十米之外就看不清东西了，如图1-22所示。在风景写生中，因为空间广阔，色彩的透视现象最为明显，画面近处的物体如树木、建筑等色彩关系明确而强烈，而画面远处的树丛、山等景观由于空气厚度作用变成蓝灰色。

例如，在喜庆活动中的数百面大红色的彩旗沿着公路一字排开，绵延数千米，从眼前这面纯度很高的大红色旗帜一眼看过去，你就会发现最远的红旗已经看不到红色了，这是色彩随着空间延伸而发生的色彩透视例子。再如荷兰画家约翰内斯·维米尔作品《戴珍珠耳环的少女》就很好地应用了色彩透视法，如图1-23所示。形体的透视或色彩透视都是在空间里产生的，空间的大小决定着透视现象的强弱，视觉的距离决定着我们眼睛对近处的色彩纯度反应力高，对远处的色彩纯度反应力弱。色彩的透视现象是客观存在的，如果你的观察方法正确，便会很轻易地发现空间色彩的这种变化，但是你如果用的是"指哪打哪"的局部观察方法，就很难看到这种体现着色彩规律的色彩现象（见图1-24～图1-27）。

图1-22　摄影作品（图片来自网络）

图1-23　约翰内斯·维米尔《戴珍珠耳环的少女》

图1-24　水彩作品《春色》（孙永超）

图1-25　水彩作品《越韵》（傅瑜芳）

图1-26　水彩作品《窗外》（傅瑜芳）

图1-27　水彩作品《水乡民居》（傅瑜芳）

9.环形透视

环形透视的特点是不固定视点，视点在围绕对象做环形运动，因而能把对象的各个侧面及背面做全方位的展示，这种环形透视在传统民间美术中是最为常见的。例如，中国唐朝时期长安城（现西安市）大雁塔的明代重修碑之阴线刻四合院，也是把上下左右的殿宇回廊平面铺开，朝向画面的中心（见图1-28）；战国狩猎攻战铜鉴图样和内蒙阴山氏族社会岩画行猎运载图，也是把车平面展开，把左右两匹驭马平躺下来，四足朝向画面的外边（见图1-29）。以上这些都展现了伟大的中国传统文化及艺术。

图1-28　（唐）西安大雁塔（图片来自网络）　　　图1-29　（战国）狩猎攻战铜鉴图样（图片来自网络）

10.透明透视

透明透视是所描绘的对象内外重叠或前后重叠，互不遮挡。例如，透过虎、牛的肚皮可以看到腹内的小仔，透过房屋的墙面可以看到屋内的景象等。这一表现手法最长见于民间美术。民间美术之所以能突破透视规律的局限，是因为民间美术抛开了自然对象的实体真实，即立体的、占有一定空间的真实，而是以全部感性与理性的认识来综合表现对象，观看的真实已让位于观念的真实，客体形象的真实已让位于心象的真实。墙背面或动物腹内的事物虽然在一个视点看不到，但它是存在的。儿童画中同样会经常看到这一种关注表现内心感受的空间表现方法（见图1-30）。

图1-30　X光摄影作品（图片来自网络）

11.散点透视

散点透视是不同于焦点透视只描绘一只眼睛固定一个方向所见的景物的方法，所以它的焦点不是只有一个而是有多个。通常，视点的组织方式并无焦点，而是一群与画面同样宽的分散的视点群。画面与视点群之间是无数与画面垂直的平行视线，形成画面的每个部分都是平视的效果。若从一点看全幅，则不符合透视法，但是观众移动着去欣赏画面时，每个局部都似生活景象。这种透视法的画面有利于充分表现人物及局部（见图1-31）。由于画面的视点不集中，而是分散到与画面等大面积，成为无数分散的视点，故名"散点透视"。中国画的透视法是画家观察点不固定在一个地方，也不受一定视域的限制，而是根据需要，移动着立足点进行观察，凡各个不同立足点上所看到的东西，都可组织进自己的画面上来。这种透视方法叫作"散点透视"，也叫"移动视点"。散点透视有纵向升降展开的画法，中国画论称为高远法；有横向高低展开的画法，称为平远法；还有远近距离展开的画法，称为深远法。

图1-31 （清）妙峰山进香图（图片来自网络）

12.反透视

反透视指故意违反一般透视的近大远小的规律。一般艺术界认为开创反透视先河的是被称为"现代绘画之父"的塞尚，对于文艺复兴以来利用线性透视方法造成三维错觉的那一套技巧，塞尚已抛至脑后。他创造了一种"反透视法"，他不是创造观赏者进入画里面去的深度，而是创造被他所描绘的人和物向观赏者走出来的印象。他无意于使自己的作品获得"逼真"的效果，无意于表现物体的立体感，而是要表现物体的结构、相互关系和色彩，他要达到一种艺术的真实，这是靠艺术家的理性而非眼睛所能把握的真实，是由科技发展和实际要求而产生的（见图1-32～图1-34）。

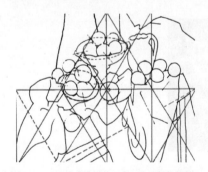

图1-32 塞尚《静物作品》（图片来自网络）　　图1-33 科幻美术作品（图片来自网络）　　图1-34 （奥地利）沃尔道夫的维纳斯（图版来自于网络）

13.广角透视

广角透视又名鱼眼透视，因模仿鱼眼镜头的拍摄效果而得名。扭曲夸张的透视效果在表现视觉冲击力的漫画场面中经常被用到，也可以在较小画面中表现广大的空间，如图1-35、图1-36所示。

图 1-35 摄影照片（图片来自网络）

图 1-36 摄影照片（图片来自网络）

14.俯视平行透视

这是一种变通的、无灭点的俯视平行透视方式，多运用于游戏场景中，如图 1-37 所示。

图 1-37 游戏场景（图片来自网络）

（二）透视现象总结

从以上几种透视现象的介绍来看，所谓"透视"就是表现画面中各种物体相互之间的空间关系或者位置关系，在平面上构建空间感、立体感的方法。所有透视方法都服从于画者对画面的表现要求。我们也可以根据自己的需求选择运用最合适的表现手法来学习或者创作自己的绘画作品。从另一方面来说，学习透视不需要一丝不苟地严格按照透视原理进行创作，如果一丝不苟地严格按照透视原理进行创作，其结果往往是一幅呆板而又僵硬的画。平时的观察和感觉对掌握基本的绘画技巧已经足够了，在掌握透视技巧基础上，靠感觉画透视关系的最大好处是它可以应用到各种主题表现中去。

第二节 速写思维方式的转变

速写训练是依靠画家、设计师思维的运作而进行的，它是造型训练的一个重要环节。因此，在作品设计等表达中是比较能形象表达作者感受的，所以能更加形象地说明要说的问题，便成了其造型训练的主要任务。使画面中的形象成为有趣味的形式并非是一件易事，除了我们对生活、景物的体验与解读，培养学生的视觉形象的感悟与观察的睿智也是十分重要的，这可以说是我们感受的形象性。面对自然景物，每一个人一定会有不同于他人的独特感受，这种感受的独特性应有两个方面：一方面是不同地域、文化所展示给你的独特的景物、文化特征；另一方面是你自己面对景物的独特感悟与解读能力。我国有众多艺术家、设计师的速写作品都是驰名海内外的，如一生忠于人民、热爱祖国的著名中国现代画家、美术教育家徐悲鸿的作品，如图1-38～图1-40所示。

图1-38　人物速写（徐悲鸿）

图1-39　人物速写（徐悲鸿）

图1-40　建筑速写（徐悲鸿）

对于传统的速写学习，并不纯粹是速写知识、技能、用线风格方法和表现能力等的学习，重要的是培养我们观察生活、体验生活、体验设计的能力；锻炼我们的审美能力、吃苦精神和激发我们的创造能力。带着这样的目的，我们平时可以将铅笔或钢笔速写安排在设计表现课程和写生、设计基础等课程中，使速写教学从综合的角度入手，把审美、造型、体验与设计表现、设计考察融为一体；让我们的速写训练与表现对自然环境与人文空间、植物与地域、建筑与文化特征、材料的属性构造、形态与视觉语言上有确实体验，而绝不是单纯的速写表现，使学生在创造能力、体查能力、审美能力和表现能力上得到综合提高，这可以说速写思维方式的转变显得非常重要。如我国著名建筑大师——有"梁上君子"著称的梁思成，他的手绘作品一丝不苟、严谨细致、艳惊全球，如图1-41、图1-42所示。中国近现代建筑学家中，公认的"中国建筑四杰"除了梁思成，其他三位分别是杨廷宝、刘敦桢、童寯，他们的手绘作品也非常工整，令人赏心悦目，如图1-43～图1-45所示。

图 1-41　建筑速写（梁思成）

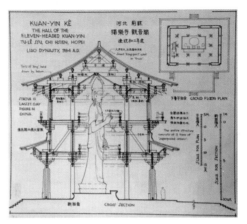

图 1-42　建筑速写（梁思成）

图 1-43　建筑速写（杨廷宝）

图 1-44　建筑速写（杨廷宝）

图 1-45　建筑速写（刘敦桢）

　　由于速写具有一定的社会实践性，在设计表现课中可以适当安排钢笔速写与设计考察、设计实践活动。因此，速写在我们的教学实践中又具有着通过直觉判断，触发对形象的直接感受和领悟的过程；通过大量的积累和推理，通过感受和速写所获得的各类图形、图像的信息整合、转化，最终达到从个别、单体到系统的过程；通过逻辑思维与各类必要的整理，以达到从常规到变革的过程。从传统速写到设计方案也是一个设计思维转变和演化的过程。在中国，老一辈的建筑师、设计师手中基本都是靠手绘作品来表达设计思路的。到了今天，我国建筑界的泰斗、设计总院名誉院长彭一刚的手稿也恰如其分地诠释了匠人精神，如图 1-46、图 1-47 所示。

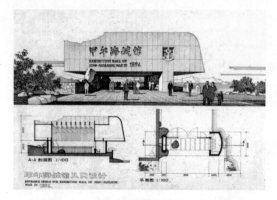

图 1-46 甲午海战馆设计手稿（彭一刚）

图 1-47 北洋大学堂（彭一刚）

第三节 速写工具及基本功能介绍

室内外设计表现效果图表现阶段不同，所用的工具不同，表现的风格也会截然不同。从前期方案构思到最后的整体设计效果表现，都需要用不同的工具来表现图纸。这些工具各式各样，品种繁多，每一种都有自己独特的优势。我们大致可以将之分为以下几个类型：黑白线稿工具、着色工具、纸张类、尺类以及其他辅助类工具等。

一、黑白表现常用工具

（一）笔类

1.绘图铅笔

铅笔，具有携带方便、易于修改和表现力丰富等特点，深受初学者和专业人士的喜爱。铅笔具有软硬、深浅之分，常用的型号有 2H、HB、2B 等。每种型号的铅笔都有不同的特性，分别表现不同的色质和浓淡的变化。铅笔按形态分有"原木笔杆"铅笔、"磨尖笔杆"铅笔、"带帽铅笔"三种。铅笔按工艺可分为传统铅笔和自动铅笔。现在市场上还有较多的自动铅笔，笔芯较细、较硬，便于携带，用于起稿，线条清晰、洁净，室内效果图手绘表现一般采用0.3～0.7系列自动铅笔。不同的铅笔可以画出不同的效果图。一般表现室内外效果图时第一步都是用铅笔起稿，铅笔也可以表现速写、白描等。

2.针管笔

针管笔是画室内外表现图和其他图纸的基本工具之一，它能绘制出均匀一致的线条。针管笔的笔身呈钢笔状，笔尖是长约2cm的中空钢制圆管，里面有活动的钢针。针管笔的笔管管径大小决定所绘制的宽窄。根据笔尖的大小，针管笔可分为0.1～1.0号等不同的规格，号数越小，笔尖越细。针管笔多用于精密细腻的工程制图。在绘制室内外设计表现图时至少应具备细、中、粗三种不同粗细的针管笔。

自古以来用针管笔表现的艺术绘画作品有很多。如日本平安时代的很多艺术家善于用针管笔斜线线条表现画面空间，线条简练，颜色丰富。在西方美术作品中不乏有用该笔表现的绘画作品，如毕加索、伦勃朗、马蒂斯等大师表现的各种复合线条运用。现代建筑设计表现室内外环境艺术设计图时多用针管笔线条来表达建筑、室内外环境形态语言、视觉语言；用长短、粗细、宽窄、方向等空间线条，直线、曲线、斜线是该表现中最基本的线条表现。

3.钢笔

钢笔是人类书写工具中最普遍使用的工具之一，发明于19世纪初，笔尖由金属制成，一般在钢笔笔帽和笔尖表面会标明商标牌号、型号等。钢笔的特点是运笔流畅，力度的轻重、速度的徐疾、方向的顺逆都可在线条上反映出来，笔触变化比较灵活，甚至可以用侧锋画出具有质感的线条。不同类型品牌的钢笔，粗细并不一样，在选购时要注意区别。在使用钢笔时也要注意保养和清洗。

4.美工笔

美工笔是特制钢笔的一种，它实际上是将钢笔的笔尖向外折弯而成，扩大了笔尖与纸的接触面，能刻画出更粗壮的线条，笔触的变化也更加丰富，表现力也更强，更广泛应用于美术绘图、硬笔书法和设计表现图等艺术创作。使用美工笔，不仅可以写字，还可以画画；而且能让人在使用它的同时得到艺术享受和熏陶。

5.中性笔（签字笔）

平常所说的签字笔其实就是中性笔，是一种起源于日本的、在国际上流行的一种新颖的书写工具。它有不同类型，按笔头类型来分，有子弹头型中性水笔、针管型中性水笔和半针管型中性水笔（外观更加美观）；按油墨色彩来分，常见色有红、黄、蓝三种。在特殊色中性笔中，在市面上常见且用于设计、绘画、卡片和装饰等的中性笔是韩国的DONG -A，国内品牌则是"晨光"。中性笔具有笔尖圆滑而坚硬的特性，没有弹性。其画出来的线条流畅细匀，没有粗细、轻重等方面的变化，具有较强的装饰意味。画面的层次感、空间感主要依靠线条的方圆转折、疏密组织和线条的透视方向来表现，如图 1-48 所示。

图 1-48   各类绘图笔

（二）纸类

用于室内外环境设计表现的纸张种类繁多，选用也比较宽泛，一般应根据需要与作品要求而定。纸张按生产方式分为手工纸和机制纸。其中，手工纸由于质地较软，吸收力强，适合于水墨书写、绘画和印刷用。常用的有复印纸、绘图纸、速写纸、硫酸纸、草图纸、彩色纸、马克笔专用纸等。马克笔专用纸造价比较高，一般情况下初学者用得比较少。

1.复印纸

在日常工作中复印纸的使用频率最高，复印纸的优劣将直接影响工作效率的快慢和文本形体的美观，一般复印纸是我们常见的 A4 一类的纸张。如何购得称心如意的办公用纸，就得了解复印纸的基本性能和相关知识。从经济角度说，70g、80g 的 A3、A4 规格的复印纸比较常用，价格便宜，悬在画室内外效果图的复印纸要求纸张色质白净，纸面细腻、光滑，这样的复印纸适合硬笔线描和小色稿练习，如图 1-49 所示。

图 1-49   复印纸

2.硫酸纸

硫酸纸，又称制版硫酸专印纸，主要用于印刷制版业，具有纸质纯净、强度高、透明好、不变形、耐晒、耐高温、抗老化等特点，广泛适用于手工描绘、走笔 / 喷墨式 CAD 绘图仪、工程静电复印、激光打印、美术印刷、档案记录等，有 63gA4、63gA3、73gA4、73gA3、83gA4、83gA3、90gA4、90gA3 等多种规格。硫酸纸和拷贝纸较薄、较透明，可以用针管笔在上面描绘或拷贝线稿，然后用马克笔和彩色铅笔上色，适合画各类手绘效果图，如图 1-50 所示。

图 1-50 硫酸纸

3.有色纸

有色纸有颜色，不能复写。有色纸一般用于广告，比如张贴在墙上，或者传单之类。但使用各种有色纸可以画出不同意境的表现效果，如在暖色调的有色纸上可以表现古朴、典雅的居室格调，在冷色调或浅色调的有色纸上可以表现清爽、冷静的空间格调，如图 1-51 所示。

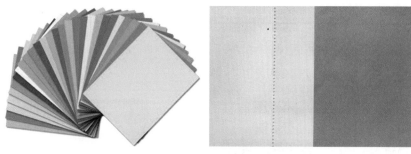

图 1-51 有色纸

4.绘图纸

绘图纸是指供绘制工程图、机械图、地形图等用的纸。该纸质地紧密而强韧，半透，无光泽，尘埃度小，具有优良的耐擦性、耐磨性、耐折性，适于铅笔、墨汁笔等书写。绘图纸的纸面较厚，可以进行水粉、马克笔的反复着色，还可以用刀片刮擦出特殊的肌理效果，宜画精细风格的效果图，如图 1-52 所示。

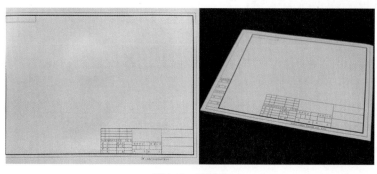

图 1-52 绘图纸

5.马克笔专用纸

马克笔专用纸也是绘图纸的一种，比普通绘图纸高档一些，质地紧密而强劲，无光泽，尘埃度小，具有优良的耐擦性、耐磨性、耐折性。好的马克笔专用纸在上颜色的时候不会晕纸，画面鲜亮，效果更好一些，如图1-53所示。

图1-53　马克笔专用纸

（三）尺类

直尺、三角板、曲线板（云尺）、模板、蛇形尺、平行尺、比例尺等都是常用的绘图辅助工具，如图1-54～图1-57所示。

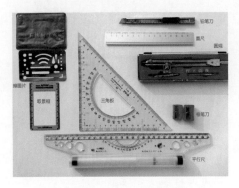

图1-54　直尺、三角板等

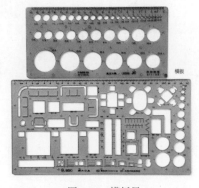

图1-55　模板尺

图1-56　曲线板（云尺）、比例尺

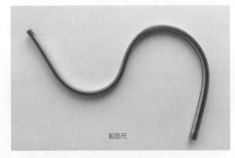

图1-57　蛇形尺

（四）其他辅助工具

在设计图纸中要使用到的其他辅助工具包括图纸包、图纸袋、图纸夹板等，如图 1-58 所示。

图 1-58 图纸包、图纸袋、图纸夹板

二、色彩表现常用工具

（一）马克笔

马克笔是一种用途广泛的手绘工具，使用方便、色彩丰富、作画快捷、干燥迅速、表现力强，省时省力，适用于大多数纸张，目前已经成为广大室内设计师进行室内装饰手绘图表现的必备工具之一。马克笔一般分为油性和水性两种。前者的颜料可用甲苯稀释，有较强的渗透力，尤其适合在描图纸上作画。排行靠前的马克笔品牌一般有 Sanford 三福（美国品牌）、Prismacolor（美国品牌）、Copic（日本品牌）、Marvy 美辉（日本品牌）、Touch（韩国品牌）、Stabilo 天鹅 - 思笔乐（德国品牌）等。现在国内用得比较好的有"斯塔"夏克梁马克笔等，如图 1-59～图 1-61 所示。

图 1-59 油性马克笔

图 1-60 水性马克笔

图1-61 "斯塔"夏克梁马克笔

（二）彩色铅笔

彩色铅笔即彩铅，是室内效果图绘制的常用工具，主要用于加色和勾勒线条。彩铅有24色、36色、48色等普通型和6色特种型，属炭粉状颜料，不透明、不含水、覆盖力强，可以绘制较为精致、细腻的形象，并能相互混合使用。彩铅有油性和水溶性之分，其中水溶性彩铅质地较细腻，可以和水结合使用，能够表现出水彩画的效果，所以在表现领域应用非常多，如图1-62、图1-63所示。

图1-62 油性彩色铅笔

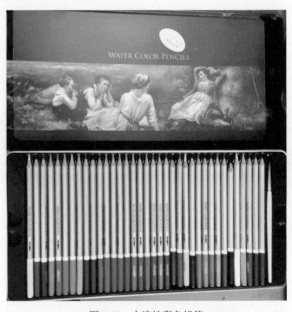

图1-63 水溶性彩色铅笔

（三）色粉笔

色粉笔，西方多称软色粉，是一种用颜料粉末制成的干粉笔。其一般为8～10cm长的圆棒或方棒，也有价格昂贵的木皮色粉笔，可用于绘画。色粉笔颜色丰富，有多达300余种颜色供选择，可以画出色调丰富的画面，在实际运用中30种左右就够使用。色粉笔画效果图笔触很轻，用嘴一吹就能掉许多颜色，所以定画液的使用极为重要。色粉笔用法和彩铅类似，调色只需色粉之间相互用手指撮合即可得到理想的色彩。色粉以矿物质色料为主要原料，所以色彩稳定性好，明亮饱满，经久不褪色，如图1-64、图1-65所示。

图 1-64　色粉笔 1

图 1-65　色粉笔 2

（四）水彩颜料

水彩一般称作水彩颜料。水彩颜料透明度高，色彩重叠时，下面的颜色会透出来。色彩鲜艳度不如彩色墨水，但着色较深，适合喜欢古雅色调的人，即使长期保存也不易变色。使用时常混合大量的水，颜料使用量较少，选择盒装小袋即可满足需要，如图 1-66 所示。

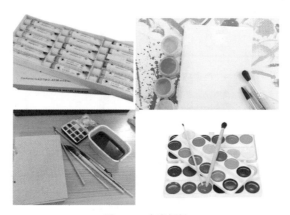

图 1-66　水彩颜料

（五）高光笔（涂改液）

高光笔是在美术及设计作品创作中提高画面局部亮度的好工具。高光笔的覆盖力较强，在描绘水纹时尤为必要，适度地给以高光会使水纹生动、逼真起来。除此之外，高光笔还适用于表现玻璃、塑料、金属、木材、陶瓷等。高光笔是效果图表现辅助工具，用于对物体转折处高光的提取，是效果图表现深入刻画的常用工具，如图 1-67、图 1-68 所示。

图 1-67　高光笔

图 1-68　高光笔

实践作业

一、磨笔练习

1. 熟悉手绘功能及其特点。

2. 熟悉通过蒙图来构建线条、体块与光影关系。

3. 熟悉处理技巧和排线方式。

二、课堂练习

排线及蒙图练习 6 张，作业样例，如图 1-69 所示。

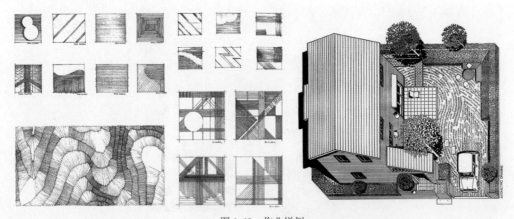

图 1-69 作业样例

在线答疑

请简单介绍透视现象的一种。

第二章　手绘表现技法基础

本阶段教学引导	
教学目标	通过本章的学习，了解并掌握手绘表现的技法基础。手绘技法基础：包括透视的合理准确应用，比例的美观适当应用，构图的美学原则和作品表现的准确到位。
教学方法	运用多媒体教学手段和超星在线学习通平台，通过图片、视频、微课、PPT 课件、实际案例上传形式，来讲解分析、辅助教学；帮助学生对透视的合理准确应用、比例的美观适当应用、构图的美学原则和作品表现的准确到位做到熟悉和掌握。
教学重点	本阶段的重点内容是掌握透视的合理准确应用和比例的适当运用，并熟悉室内外空间界面设计、空间色彩设计、空间形式美设计及绿色与环保设计等原则；培养学生分析、思考和设计能力。
作业要求	在本阶段的学习中，了解透视中的一些基本概念，了解透视基本类型（一点平行透视、两点透视、三点透视）。练习线条、体块与光影关系；处理技巧和排线方式。课堂练习一点透视（室内）一张，课外完成两点透视作品一张。

第一节　透视的合理准确

一、透视的概念

　　"透视"（perspective）一词原于拉丁文"perspclre"（看透），意即"透而视之"，指在平面或曲面上描绘物体的空间关系的方法或技术。最初研究透视是采取通过一块透明的平面去看景物的方法，将所见景物准确描画在这块平面上，即成该景物的透视图。后遂将在平面上根据一定原理，用线条来显示物体的空间位置、轮廓和投影的科学称为透视学。在画者和被画物体之间假想一面玻璃，固定住眼睛的位置（用一只眼睛看），连接物体的关键点与眼睛形成视线，再相交于假想的玻璃上，在玻璃上呈现的各点的位置就是要画的三维物体在二维平面上的点的位置。透视，其含义就是通过透明平面观察、研究透视图形的发生原理、变化规律和图形画法。"透明平面"在透视学中称为"画面"，是透视图形中产生的平面。但这"画面"不是我们实际作画的画纸，而是研究透视的假想平面，因此还要将这假想中的透明画面上显现的图形等样缩小画在图纸上。这是西方古典绘画透视学的应用方法。狭义透视学特指 14 世纪逐步确立的描绘物体、再现空间的线性透视和其他科学透视的方法。现代则由于对人的视知觉的研究，拓展了透视学的范畴、内容。广义透视学可指各种空间表现的方法。狭义透视学（即线性透视学）方法是文艺复兴时代的产物，即合乎科学规则地再现物体的实际空间位置。这种系统总结研究物体形状变化和规律的方法，是线性透视的基础。15 世纪，意大利画家阿尔贝蒂的《论绘画》叙述了绘画的数学基础，论述了透视的重要性。同期的意大利画家皮耶罗·德拉弗兰切斯卡对透视学最有贡献。德国画家丢勒把几何学运用到艺术中来，使这一门科学获得理论上的发展。18 世纪末，法国工程师蒙许创立的直角投影画法，完成了正确描绘任何物体及其空间位置的作图方法，即线性透视。达·芬奇还通过实例研究，创造了科学的空气透视和隐形透视，这些成果总称透视学。

（一）透视画和轴测图的区别

将三维物体形状转移到二维平面上，可以通过图中称为"投影"的方法来完成。用光线照射由铁丝扎成的形体框架，使其影子投射在一平面（称投影面）上，即可产生形体的平面图形。这里所称的"投影"不是我们日常所见的一片黑乎乎的影子，而是由物体内外轮廓线构成的平面图形。投影分为两种情况：一是以平行光线（如日光）照射物体形成的投影，称平行投影；二是以光源点射出的辐射光（如灯光）照射物体的投影，称为中心投影。如图 2-1 所示的光源是无限远的太阳，投射来的光线呈现出平行状，方体在投影面上的图形称为平行投影；如图 2-2 所示的光源为近处的烛光，以它为中心，射出的光线为辐射状，方体在投影面上的图形称为中心投影。

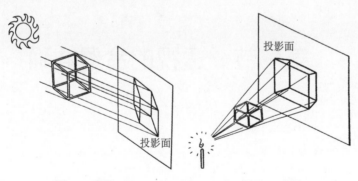

图 2-1　光源 1　　　　　　　　　图 2-2　光源 2

试将两种投影做出比较：如图 2-3 所示为平行投影，方体的四条竖立棱边长度相等，但没有近大远小之分；向远处伸去的棱边仍然相互平行，不会聚拢和相交；向远处延伸的方块面呈现为平行四边形或菱形；方体长、宽、高三条轴线（OA、OB、OC）上的尺寸分割，不论伸向多远，长度仍然相等。

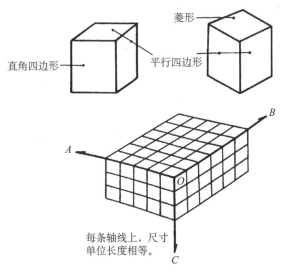

图 2-3 平行投影

如图 2-4 所示为中心投影，方体的四条竖立棱边呈现为近大远小，离光源中心近的长，远的短；向远伸去的平行棱边会逐渐聚拢，最终相交消失在点上；远伸的方块面呈现为梯形或非平行的四边形；远伸的长、宽轴线（*OA*、*OB*）上的尺寸分割呈现为渐远渐短。

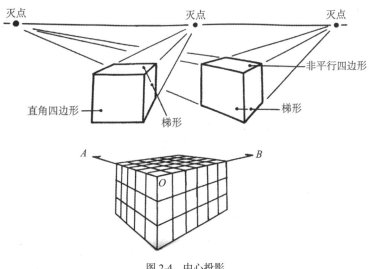

图 2-4 中心投影

可以看出，中心投影就是透视图形，它是按中心投影原理取得的；透视图是画者在有限距离内所见的景物图形，它能反映画者距离物体的远近。平行投影中能显露景物三度空间的称为轴测图，它是假设观者自无限远处所见的景物图形，是建筑设计、环境艺术设计和工业设计造型效果图等常用的表达形式。我国的传统绘画中表现建筑和家具设计等规则形体的"界画"，与轴测图非常相似。图 2-3 中可以看出，立方体长宽高的三轴线（*OA*、*OB*、*OC*），每条轴线上的尺寸单位均各自保持等长，用直尺测量轴线方可得知方物长宽高尺寸，故称为轴测投影或者轴测图。显然，轴测图不是透视图。所以，在学习透视原理和透视图法之前，我们应该对透视图作图框架以及常用的术语有一些基本的了解。以下介绍透视术语。

（二）透视术语

1.基本原则

（1）近大远小，离视点越近的物体越大，反之越小。
（2）不平行于画面的平行线其透视交于一点，透视学上称为灭点。
（3）正方形的分割和扩展、四（八）点画圆法，还有轴测图的绘制都很重要。

2.透视术语（见图2-5）

（1）原点——绘画者眼睛的位置，以一点（S）表示。
（2）目线——过人眼目点平行于视线的一条横线，是寻求视平线上灭点的角度参照线。
（3）中视线——人的目点引向所画景物任何一点的直线为视线；其中引向正前方的视线为中视线，倾斜或垂直于地平面。
（4）画面——假设为一透明平面，透明平面间置于画者与被画者之间，被画物上各关键点取向目点的视线，将物体图像映视在透明平面上。该平面就被称作画面，常用 PP 表示。
（5）视域——双眼视域中央图像显现正常的范围，称正常视域；它是由目点引出的视角约为 60° 的圆锥形空间；圆锥与画面交割的圆称为视图，是画面上的正常视域范围。

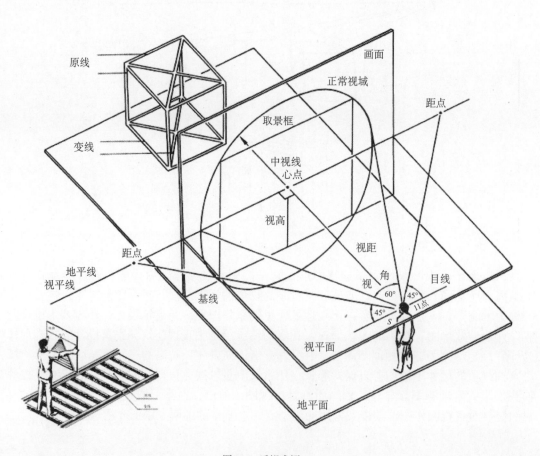

图 2-5　透视术语

（6）取景框——画面中央取景入画的范围称取景框。

（7）地平线——地面和画面的交线，与目点等高常用 GL 表示。在画面上，平视的地平线与视平线重合；斜视、仰视的地平线分别在视平线上、下方；正俯、仰视的画面上只有视平线，没有地平线，一般为矩形，位于 60°视圈内。

（8）地平面——所画对象所在的地面称为地平面，常用 GP 表示。

（9）基线——平面与地平面的交线，即取景框的底边，常用 G 表示。

（10）视高——在画面上目点到地面的距离，也就是平视时，目点到被画物（地面或桌、台面）的高度，常用 H 表示。

（11）视距——目点到画面的垂直距离，常用 D 表示。

（12）视平面——人眼高度所在的水平面，人眼（目点）、目线和视中线所在的平面为视平面，常用 HP 表示。平视的视平面平行于地面，斜俯、仰视的视平面倾斜于地面，正俯、仰视的视平面垂直于地面，如图 2-6 所示。

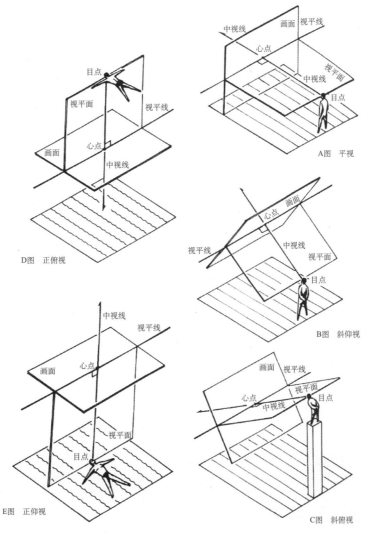

图 2-6　视平面分析图

（13）视平线——视平面和画面的交线，也是中视线交画面于心点，过心点所引的横线，常用 HL 表示。不论平视或俯视、仰视，视平线总是通过视图中央的心点，横贯取景框。

（14）心点——过视点做画面的垂线，该垂线和视平线的交点，也称视中心点，常用 CV 表示。

（15）视线——视点和物体上各点的连线，一般作为辅助线，常用 SL 表示。

（16）中心线——在画面上过视心所做视平线的垂线，常用 CL 表示。

（17）消失点——与画面不平行的成角物体，在透视中伸远到视平线心点两旁的消失点，常用 VP 表示。

（18）天点——近高远低的倾斜物体，消失在视平线以上的点。

（19）地点——近高远低的倾斜物体，消失在视平线以下的点。

（20）真高线——在透视图中代表物体空间真实高度的尺寸线。

（21）距点——距点有两个，分别位于心点左右视平线上，离心点远近与视距相等；它们是与画面成 45°角的平变线的灭点，如图 2-7 所示。

图 2-7　距点

（22）原线——与画面平行的直线。映现在画面上的透视方向保持原来状态（垂直、水平或倾斜）；相互平行的原线在画面上仍然保持平行，没有灭点，如图 2-8 所示。

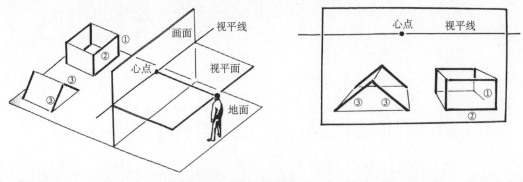

图 2-8　原线

（23）变线——与画面不平行的直线。映现在画面上的透视方向发生变化，其远端指向或终止于某个灭点；相互平行的变线则向同一个灭点汇聚并消失，如图 2-9 所示。

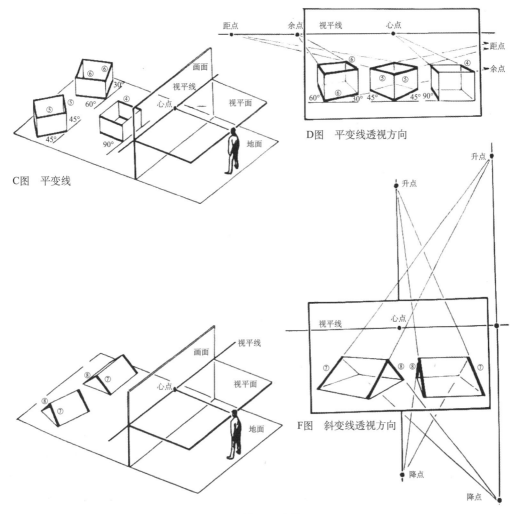

图 2-9 变线

（24）灭点——变线无限延伸，在画面上最终消失在灭点上；相互平行的变线，向同一个灭点汇聚并消失；与视平面平行的变线，灭点在视平线的上、下，有升点和降点。

（25）灭线——与画面不平行的平面无限远伸，在画面上最终消失在灭线上；相互平行的平面有一条共同的灭线（如所有水平面的灭线是地平面）；平行于某平面的各种角度的灭线，它们的灭点都在该平面的灭线上，如图 2-10 所示。

（三）透视的种类

1.一点透视（平行透视）

（1）优点：表现场景广阔、正式，室内外场景均可；缺点：画面呆板、变化小。

（2）具体画法：（用平行透视画出长 4 m、宽 4 m、高 3 m 的房间）比例根据图纸缩放。

①从里向外先画出房间最里面的墙 ABCD，再画出视平线 HL（距地 1 m 左右）。

②HL 分别交 E、F 点，把 EF 三等分，灭点（O 点）在 EF 三等分的中间等分上。

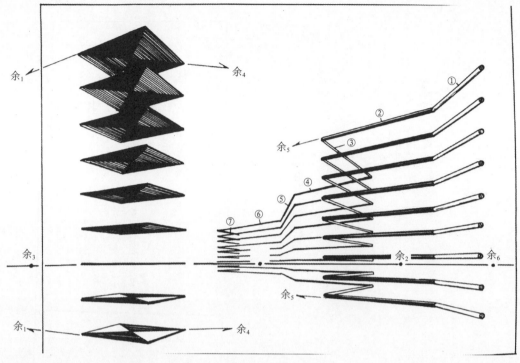

图 2-10　灭线

③分别连接 OA、OB、OC、OD 并延长，测量点（M 点）在最大宽值的外 1～2 m 处。

④延长 CD 4 m，M 点分别与 4 m 的每米刻度相连并延长至 OC 的延长线上。

⑤分别过 OC 延长线的这 4 个点引平行线和垂直线，最终形成景深 4 m 的外墙，如图 2-11、图 2-12 所示。

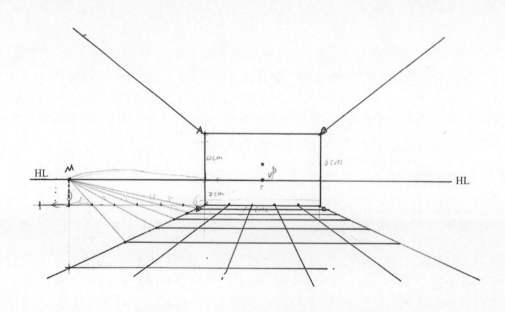

图 2-11　一点透视框架 1

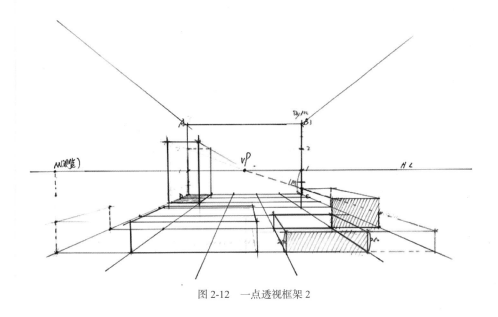

图 2-12　一点透视框架 2

2.倾斜透视

（1）基本特征。凡是一个物体或者物体中的一个面与基面成一边高一边低的关系时，即为倾斜透视。在这种透视中间，物体和物体的一个面相对基面来说，处于倾斜状态。

（2）透视的规律。近低远高的斜面，其消失点是天点，近高远低的斜面，其消失点是地点。天点或地点一定是在斜面底面消失点的垂直线上。天点或地点距离视平线的远近取决于倾斜面与地面所成的夹角，斜度大，天点或地点离视平线远。由于斜面物体的底面与画图面呈平行或成角透视两种关系，因此倾斜透视中，同样会有平行与成角倾斜透视两种情况，如图 2-13 所示。

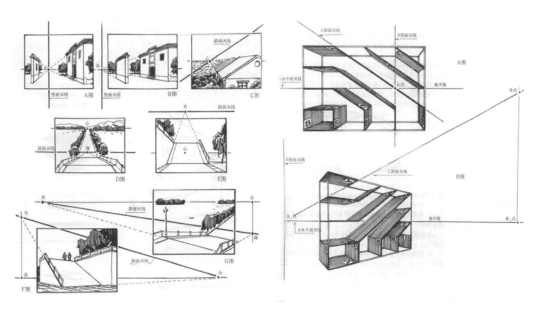

图 2-13　倾斜透视

3.一点斜透视

（1）优点：画面较活泼，室内外场景均适用；缺点：角度不易掌握、透视较难。

（2）具体画法：用简略二点透视画出长4m、宽4m、高3m的房间，比例根据图纸缩放。

①从里向外先画出房间最里面的墙ABCD，再画出视平线HL（距地1m左右）。

②HL分别交E、F点，把EF三等分，灭点（O_1点）在EF三等分的外二等分上。

③分别连接O_1A、O_1B、O_1C、O_1D并延长，测量点（M点）在最大宽值的外2~3m处。

④过A点画斜线L（L与AB的夹角为5°左右），并交O_1B于G点，过此点作垂线与O_1D交于H点，G、H点与A、C点相连，形成房间最里面的新内墙（透视消失到O_2灭点）。

⑤左延长CD、CH，通过CD及CD延长线上的每米刻度与O_1点的连线，把每米的新刻度反射到CH及CH的延长线上；M点分别与C点左右各4m的每米新刻度相连并延长至O_1C和O_1H的延长线上；然后分别对应连接O_1C延长线的四个点与O_1H延长线的四个点之间的连线，过最外框的两个点向上引垂线，最终形成景深4m的外墙，如图2-14、图2-15所示。

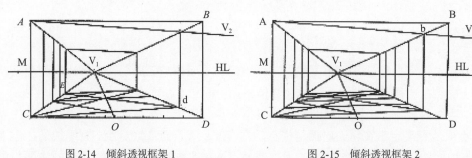

图2-14　倾斜透视框架1　　　　　图2-15　倾斜透视框架2

4.二点透视（成角透视）

（1）基本特征。

凡是方形的物体没有一个平面与画面平行，也没有一组边线与画面平行，都与画面成一定角度，这种情形的透视叫"成角透视"，它的消失点不再是心点，而是心点左右的两个条点，所以又叫"两点透视"。

（2）构图的特点。

画面富有变化，灵活多样，充满动感，适宜于表现悲壮、充满激情和矛盾冲突的题材。

成角透视与平行透视的根本区别：在成角透视中，物体与画面成一定角度而非平行于画面，另外，它有两个或两个以上灭点。

（3）优点：场景活泼，画面小，易掌握；缺点：透视不当易变形，表现场景小。

（4）具体画法：用成角透视画出长3m、宽3m、高3m的房间，比例根据图纸缩放。

①从里向外先画出房间一角的墙真高线AB，再画出视平线HL（距地1m左右）。

②过B点画基线（约左右各5m），O_1点、O_2点需在HL上（最大宽值的外2~3m处）。

③分别过O_1点、O_2点连接基线上的每米刻度点并延长，形成长3m、宽3m的地面。

④分别过C、D点向上引垂线，交O_1A、O_2A的延长线于E、F点，形成3m长宽高的两个墙面和天花，如图2-16、图2-17所示。

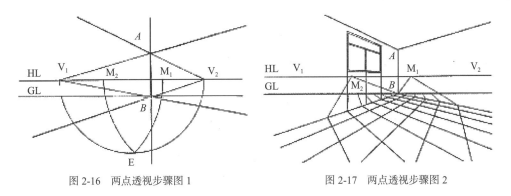

图 2-16 两点透视步骤图 1　　　　　图 2-17 两点透视步骤图 2

5.三点透视

三点透视一般用于超高层建筑的鸟瞰（俯视）图或仰视图；多点透视在手绘效果图中很多见，但无论有多少灭点，都需消失在同一视平线上，比例根据图纸缩放，如图 2-18～图 2-21 所示。

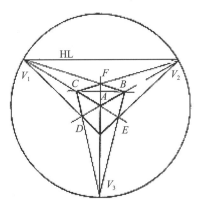

图 2-18 三点透视步骤图 1

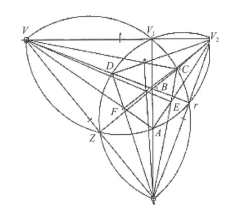

图 2-19 三点透视步骤图 2

图 2-20 升点

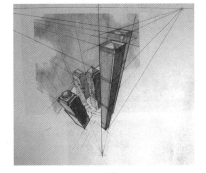

图 2-21 降点

6.斜仰视与斜俯视

（1）基本特征。斜仰视与斜俯视的基本特征是眼睛不再是平视状态，而是处于上斜或下斜状态。

（2）透视的规律。在一幅画中，视中线的高低并不代表仰视或俯视，其关键在于视中线是否与地面平行。在仰视与俯视中，有两种情形，一种是垂直仰视与垂直俯视，所见的近似于平面图，基本上是平行透视的关系。另一种是平行斜仰视与平行斜俯视，视中线上方与心点垂直的消失点，称为主天点，视平线下方与心点垂直的消失点称主地点，如图2-22～图2-24所示。

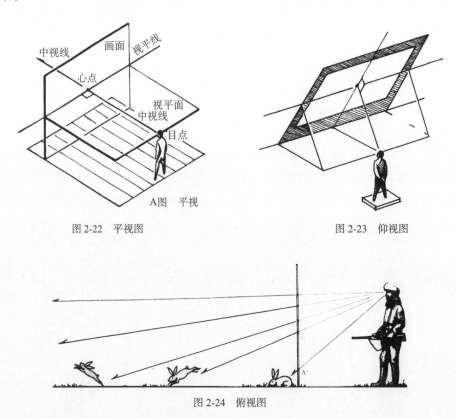

图 2-22　平视图　　　　　　　　　　　图 2-23　仰视图

图 2-24　俯视图

二、快速透视法及空间线稿练习

透视是人的视觉习惯，设计师借助透视把自己的设计构思通过二维平面绘制出三维立体的效果图，直接真实地反映空间效果。

学习要点：当代徒手表现透视在传统透视原理的基础上有所发展，更讲究快速与美感。透视原理本身是比较容易掌握的，但在运用中容易出现问题，主要是熟练程度的问题，所以在大量透视训练的基础上要做到心中有透视。始终抓住近大远小、近高远低的基本规律，有透视变化的线一定要消失在消失点上。多尝试视平线高低变化及消失点左右变化的练习，掌握其对透视图的影响。

学习目的：要能根据自己的设计意图正确选择透视方法，画出更具美感、能全方位反映设计终端产品的效果图。

1.餐厅一点平行透视

特点：

（1）画面与视平面平等，画面只有一个消失点。

（2）透视图中所有的水平线都是与画面平行的，所有垂直线都是与画面垂直的，所有纵深线都要与消失点相连。

（3）纵深感强，适合表现严肃、庄重、大方的空间氛围。

步骤一：根据平面图、视点及尺度比例，画出基面，定出视平线及消失心点，拉出墙角线，如图 2-25 所示。

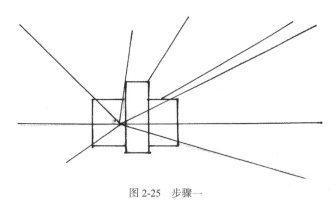

图 2-25　步骤一

步骤二：根据尺度关系，画出立面造型分界线及主要家居陈设投影位置，如图 2-26 所示。

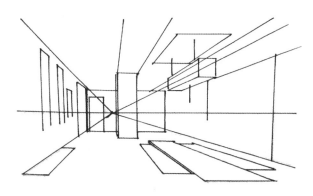

图 2-26　步骤二

步骤三：根据物体的尺度继续深入画出造型的宽度、陈设的高度及细节结构，如图 2-27 所示。

图 2-27　步骤三

步骤四：强化结构及冷暖关系，深入刻画细节，画出画面的主次、虚实关系，如图 2-28 所示。

图 2-28　步骤四

2.卧室一点斜透视

特点：

（1）透视基面向侧点变化消失，画面当中除消失心点外还有一个消失侧点。

（2）所有垂直线与画面垂直，水平线向侧点消失，纵深线向心点消失。

（3）画面形式相比平行透视更活泼，更具表现力。

步骤一：在平行透视的基础上，在画面外侧随意定出一个侧点，画出空间 4 个界面及陈设的地面投影位置，如图 2-29 所示。

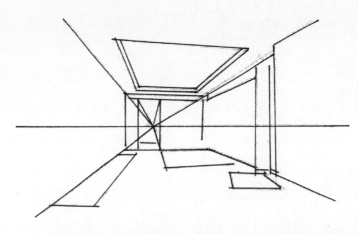

图 2-29　步骤一

步骤二：根据陈设高度，画出空间布局具体位置，保持透视关系，水平线向侧点消失，如图 2-30 所示。

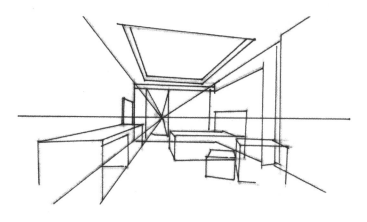

图 2-30　步骤二

步骤三：在空间方盒子基础上勾画出物体的具体结构形式及投影关系，如图 2-31 所示。

图 2-31　步骤三

步骤四：画出物体投影及材质，深入刻画细节，强化明暗关系及画面主次、虚实关系，如图 2-32 所示。

图 2-32　步骤四

3.客厅一点斜透视

步骤一：根据画面需要定出视平行线及灭点，画出一点斜透视空间界面，如图 2-33 所示。

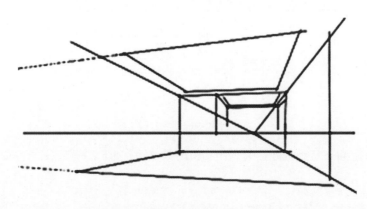

图 2-33　步骤一

步骤二：在斜透视空间界面中画出主要空间陈设的地面投影，如图 2-34 所示。

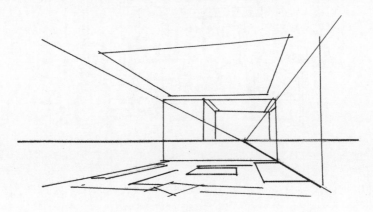

图 2-34　步骤二

步骤三：在投影的基础上画出陈设的形体结构，如图 2-35 所示。

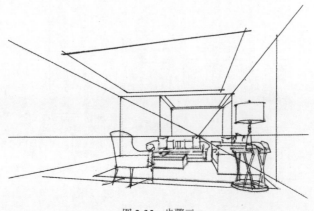

图 2-35　步骤三

步骤四：继续画出室内所有物体的轮廓结构，如图 2-36 所示。

图 2-36　步骤四

步骤五：完成细节刻画和物体投影关系及主次关系，如图 2-37 所示。

图 2-37　步骤五

4.客厅两点成角透视

特点：

（1）画面中左右各有一个侧点。

（2）画面水平线向两边侧点消失，垂直线与画面垂直。

（3）画面效果生动活泼，变化丰富，视觉感强，易于表现出体积感。

步骤一：根据平面图及视点尺度，定好视平线高度及侧点位置，画出基面及大的比例位置，如图 2-38 所示。

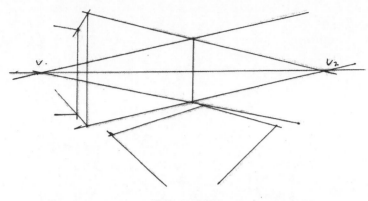

图 2-38　步骤一

步骤二：进一步画出墙面造型位置及陈设外轮廓所在的方盒子及地面地砖分割线，如图 2-39 所示。

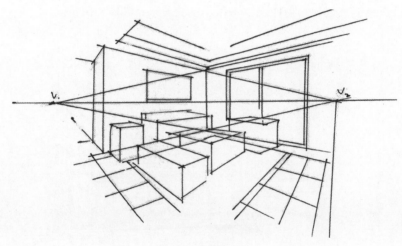

图 2-39　步骤二

步骤三：深入勾画出陈设结构形体，完善其他装饰及材质表现，如图 2-40 所示。

图 2-40　步骤三

步骤四：完成细节刻画及光影明暗投影关系，完善构图，强化结构及画面主次、虚实关系，如图 2-41 所示。

图 2-41　步骤四

三、透视训练

透视训练的学习要点主要是大量训练不同透视种类，在不同视点，体会视平线及消失点在不同位置时空间所产生的变化及给观者的不同感受。学习目的：建立强烈的透视概念，正确选择最能体现设计构思的透视效果。具体效果如图 2-42～图 2-44 所示。

图 2-42　大厅效果训练

图 2-43　浴室效果训练

图 2-44 卧室效果训练

第二节 比例的美观适当

一、比例的概念

比例（proportion）一般情况下是一个数学术语，表示两个或多个比相等的式子。在一个比例中，两个外项的积等于两个内项的积，叫作比例的基本性质。

二、比例的美术术语概念

美术范畴中提到的比例通常指物体之间形的大小、宽窄、高低的关系；是整体和局部、局部和局部各种"量"的秩序比较。另外，比例也会在构图中被用到，例如你在画一幅素描静物时就要注意所有静物占用画面的大小关系，在画素描的过程中要想把形画准就要注意比例。比例不仅在素描作品中需注意，在其他类型的绘画及设计作品中都会涉及；提到绘画或设计作品的结构平衡、对称、和谐、节奏等形式美感时，都会提到比例。比例协调法则是构图时整体联系的法则之一。这点可以从"文艺复兴时期美术三杰"之一达·芬奇的话中得到答案："青年人应该学习透视，然后学习各种物体的比例。其后可以临摹某位良师的作品，使自己习惯于美好的形体。然后师法自然，通过实践验证已经学过的各种规则……然后养成将其技艺付诸实施的习惯。"达·芬奇《人体比例图》如图 2-45 所示。

以下就美术范畴关系中比例的技巧、比例关系技巧和人物相关比例做些介绍。

1.比例的技巧

要想获得适当的比例关系，重要的是按比例描绘一切风景要素。

（1）横着比：当你要画某一个物体的位置时就以此做一条贯穿整个画面的横线，看到所

图 2-45　达·芬奇《人体比例图》

有在这条线上的物体。

（2）竖着比：做一条贯穿画面的垂线，注意观察所有在这条线上的物体。

（3）多看物体、少看画面：为的是形成观察的意识，抛弃大脑中的原始概念。看物体 5 秒钟，再看画面 2 秒钟，眼睛要在画面和物体之间反复地观察比较。

（4）总之就是放长线、看整体、多比较。把这些想象成经线纬线会比较简单；初学者要多画辅助线，等功底深厚了你会发现画面中的辅助线会越来越少，而你心里假想的辅助线会越来越多。

2.比例关系技巧

一般被画物占画面 80% 左右，看上去饱满。构图中画物之间的比例参考也是一样的，以显示一个空间内物体之间的大小、高低等特征。例如，建筑物之间，建筑与其他小品、交通工具、人物之间的比例关系，其他所有物件以此来衬托建筑的大小，如图 2-46 所示。

图 2-46　比例关系（图片来自网络）

3.人物相关比例

（1）三庭五眼：发际线—眉骨—鼻底—下巴为三庭，这三段之间每段的距离大约相等；耳根—外眼角—内眼角—内眼角—外眼角—耳根为五眼，它们之间距离大约相等。

（2）站七坐五蹲三半：一个站着的成年人身高大约等于他七个头长（站七），当他坐下时就等于五个头长（坐五），蹲着时刚好是三个半头长（三头）。

（3）小孩的头部比例较大，站着时一般为三到四个头高。

（4）张开双臂，两个中指之间的长度大约等于这个人的身高。

（5）手臂的长度为两个头长（腋窝—胳膊肘—手腕各为一个头长）。

（6）手掌为三分之二头长。

（7）当举起胳膊时胳膊肘刚好到头顶。

（8）肩宽为两个头宽。

（9）脚掌为一个头长。

（10）男人肩比胯宽，而女人胯比肩宽。

此外，我们可以在生活中多总结，多观察。这些都是标准人体比例，可以帮助初学者入门；也是艺术家创作英雄楷模人物绘画雕塑等艺术作品时的指导，例如，米开朗基罗的大卫是七个半头高。在现实生活中有形形色色的人，在进行人物素描时就应当个别观察，抓住特征，如图2-47、图2-48所示。

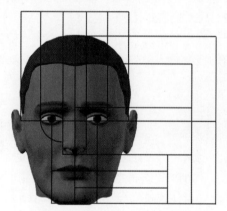

图2-47　三庭五眼（图片来自网络）

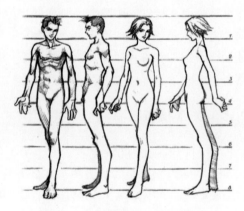

图2-48　人体结构图（图片来自网络）

三、建筑及室内设计常识比例

比例与尺度在所有的设计效果图中发挥的重要作用，是建筑设计师及室内外设计师众所周知的。通常情况下，比例是指室内外场景的家具装饰或景观植物等根据透视的标高来相互参照，最终达到模拟实景的效果。比例又是指两个物体之间的一般关系。这是室内设计师在描述两个物体在房间里是如何相互联系时所指的。正如达·芬奇所说："比例不仅在数和度量中，也在声音、重力、时间、位置，或在任何的力之中都可以找到。"希腊的巴特农神庙、法国的巴黎圣母院等建筑的整个结构就是按照黄金比例的长方形建造的，如图2-49～图2-52所示。

图 2-49　帕特农神庙（作者不详）

图 2-50　巴黎圣母院（作者不详）

图 2-51　中国海军博物馆（彭一刚）

图 2-52　南京大屠杀纪念馆（彭一刚）

　　再举个例子，设计师建议咖啡桌的长度是沙发的三分之二。又如，黄金比例 0.618 是描述人体比例的整体，在许多著名的艺术作品中都可以找到。一般来说，含有这个比例的物体被认为更具有美感，所以这一比例也是创造成功内部的关键。通常黄金比例应用于房间内的布局，设计师通常把房间分成两部分，其中一部分占三分之二的空间，较大的部分包括房间的一些主要家具，这使得它的主要功能明确。而房间较小的部分将被二次使用，如可选择的座位区域或用来做存储功能。这些家具等的比例以其他微妙的方式显现出来，如图 2-53所示。

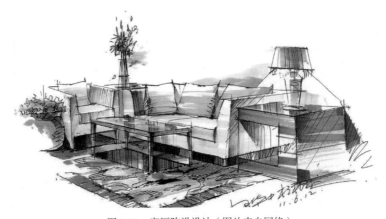

图 2-53　客厅陈设设计（图片来自网络）

　　正如前面所提，比例是继构图、透视之后将要解决的一个重要问题，如要掌握家居设计、景观植物和人体工程学等的基本尺寸进行绘制效果图，可以参照《室内设计资料集》《居住区规划设计资料集》和人体工程学常用尺寸的相关内容。

第三节　构图的美学原则

一、构图的概念

"构图"一词源自拉丁语，其意思是通过结构组合以联结画面的不同部分并形成一个统一体。中国《辞海》中的构图定义是："艺术家为了表现作品的主题思想和美感效果，在一定空间内安排和处理人、物关系和位置，把个别或局部形象组成艺术的整体。"构图可以简单地理解为，它就是根据画者的意图，对画面各种形式和语言中的比例、布局、形态、空间、色块、体积、线条等在二维平面上进行结构经营的技巧。它是从物象的形态中提炼出点、线、面或者圆形、方形、三角形等的基本形式以审美的意识进行的一种组织。它最为重要的特点是创作者的主观、理性的表现；构图是在有限的画幅中，分布骨架气势，决定形、色位置，建设出个人的视觉空间，体现作品形式美感，进而表达画家及设计师的思想境界。

在设计表现中，画面的内容不再是客观、被动对自然的模拟，而是按照创作者的审美要求进行的主动创造。因此，画面中的对象或者场景因为不常见而具有奇异的、充满联想的视觉冲击力，也就是常说的"陌生感"，而画面也因此呈现出超现实的意味。构图这个名称在我国国画画论中，不叫构图，而叫布局，或叫经营位置。如在摄影中，构图是从美术的构图转化而来的，我们也可以简单地称它为取景。无论是国画中的布局，还是摄影中的取景，都只涉及构图的部分内容，并不能包括构图的全部含义。

二、构图的目的

室内外效果图表现构图的目的就是研究在一个平面上处理好建筑及室内三维空间——高、宽、深之间的关系，以突出主题，增强艺术的感染力。构图处理是否得当，是否新颖，是否简洁，对于绘画及设计作品等艺术作品的成败关系很大。因此，一幅成功的设计作品，首先是构图的成功。成功的构图能使作品内容顺理成章，主次分明，主题突出，令人赏心悦目。

简言之，构图过程的最直接目的是表达、探索、体现创作构思的具体表现形式的过程，这里包含着设计师对设计生活的体验、分析、选择和提炼过程，并在设计及绘画作品中用造型、明暗、色彩、线条等绘画形式语言来依据一定的构图法则，使作品有一定感染力和理性思维。

三、构图的形式

1.取景

构图的先决因素是取景，取景就是初级的构图概念。严格地说，它是一种画面构思意识，是摆在首位要考虑的。简单地看，取景无非就是选择一个合适的站立点以得到最佳的场景视觉效果，但这个看似简单的问题却使很多人伤透了脑筋，成了非常麻烦的事，往往很难让人做出"最佳"的选择。其实取景没有绝对的"对"与"错"，要放松地对待。取景构思需要把握以下几个原则。

首先，明确取景的主体概念。每一幅手绘作品都有要表现的主题内容，取景首先就是构思出主体内容的尺度与范围，以一个整体来理解主体内容，才能确定一个比较适合的观察距离。这是一种比较稳妥的取景方式，可以确保主体内容的相对完整性，在初步的取景构思中，不应该将注意力分散于局部。有了要表现的范围，确定了观察距离，下一步就要进行具体的视觉角度调整，此时开始思考透视表现形式。在取景构思中，可以分别用平行透视与成角透视来进行场景的视觉效果比较，这是更加具体化、形象化的思考。要注意的是，对透视形式的选择是对视觉角度的适量调整，如果仅凭透视形式来构思取景效果是不可靠的，如图 2-54、图 2-55 所示。

图 2-54 取景 1   图 2-55 取景 2

在取景时，为了避免主体表现的内容不会出现重叠或严重的遮挡，还需要对主体内容的位置关系进行斟酌。物体间的相互遮挡是不可避免的，但在实际表现中完全可以对被遮挡内容的位置进行适当的调整，这是很正常的构图调节手段。无论如何，不可有意制造遮挡来减少表现内容，这样会严重影响画面效果，不仅对手绘学习、提高没有任何好处，还会产生极为恶劣的影响。总的来说，取景是一种相对比较客观、现实的场景构思形式，并不添加过多的主观调配，应该以尊重方案设计为前提。在头脑中想象实际的场景效果，并把自己置身于其中，这才是真正的取景构思的实质，主要依靠的是立体形象思维的能力。

2.比重

构图比重是构图表现的主要形式之一。大家要明白，画面结构追求的不是均衡，而是一种有轻有重有疏有密的节奏关系，就是这种看似不平衡的结构才使画面产生各种生动、自然的效果。手绘表现的画面比重分配也有一定的规律。首先是构图的上下比重关系，上下"分界线"就是地平线，这是我们起笔要画的第一条线。在多数建筑、环境表现中，地平线确定在画面中心靠下的位置，上下比例关系大致为 3：2，这样比较符合人的正常视高，这种视觉效果特征使画面更加具有稳定感。

其次是构图的左右比重，这与 VP 点的位置有直接关系。通常 VP 点倾向于哪一侧，就要适当地增加这一侧内容，特别是配景内容的表现密度，使比重略微倾向于这一侧；还可以将多数近景安排在那一侧，略微加大这一侧的体量表现，突出对近景的描述；但对这一侧预留的幅面空间要小，让表现透视消失的另一侧所占的幅面比例稍多一些。这种由 VP 点来确定左右比重关系的方法可以求得一种视觉感受的平衡，避免画面结构的倾斜或绝对均衡，同时为深入构图创造余地。不过这并不是一个绝对的规律，还要根据具体情况来审视和确定。

从上面的分析可以看出，与景深不同，构图比重是解决画面结构的平面化布局，所分配的是上下和左右两个方向的比重关系。比重主要体现于内容的体量和疏密，这与景深处理有直接关系，特别是对近景的安排。由此可以看出，构图比重的可调节度也是非常大的，这种调节也是十分重要的。

构图比重的调节涉及取景、透视、景深、表现手法等多方面的问题，因此最实际，也是最需要理解、把握的是"比重平衡"。在画面中，有时为了打破僵化的格局，我们使用一些可自由添加的配景内容来进行补充，使画面内容适当分散，有整有零、有松有紧，这也是在组织、调配画面的节奏关系，表现的就是调整比重平衡的示意，其中有的部分是在原始的比重关系基础上所添加的补充，目的是使画面达到一种含蓄的平衡。对比重平衡的理解难点就在于"平衡"两个字，我们可以把画面看作一个天平，既不能让它完全倾倒在某一侧，也不需要均等地分量，而是要让它略微倾向于一侧，形成一种"不稳定的平衡"。从构图的意义来说，比重过分倾斜或者过于均衡对称，都是"失衡"的表现。另外，在使用配景内容进行调整时，也要尽量采用不同的内容与形式来进行补充，如果非常近似，即便是分量有所差别，也会破坏画面比重的节奏效果，使画面显得呆板无味。

3.元素

元素在设计艺术学中是一种形的意义的转换，在保持图形基本特征的基础上，其图形的某一部分被其他类似形状所替换的一种异常的组织形式。在很多艺术设计作品中，都会用"元素"替代，虽然物形之间结构不变，但在逻辑上要求张冠李戴，从而产生新的含义和新的视觉现象。这种进行元素替换的作品，其内涵得到完全延伸或者相反的意义，使作品具有新的指向，使得图形产生意想不到和更深远的意义，这种方法在设计和绘画领域内得到广泛运用。形式要素的基本单位为点、线、面。如果必须以写实的手法来创作，不妨刻意选择具有点、线、面特质的物品来构建画面，凸显形式之美。

4.明暗

黑、白、灰是另外三个要素的形式要素。黑、白、灰不仅仅指描绘物品的明暗，在这里还指组建画面的色度上的不同层次。利用黑、白、灰对比的主要训练，可以让我们逐渐摆脱客观视觉的束缚，提高画面的艺术表现力，在感受充分自由的表达上，开拓创造性思维。当然，它不是平均分配的，而是分成比例。通常，黑色在画面中的比例大时，画面呈暗调，作品的整体气氛会比较厚重、庄严；白色调比例大时，画面会显得比较轻松、明快。

（1）客观明暗（固有色、光彩）。客观明暗指自然界中物体本身所呈现出的、很容易被我们的视觉所感知的黑白明度关系。

（2）主观明暗（主观配置、光线）。主观明暗是指改变物品真实的固有色，为了画面需要，主观地调整黑、白、灰的布局。这里我们强调利用由黑、白、灰所组成的色块来构架画面的空间，所以在塑造过程中，更加强调色块层次的清晰，不能因为客观的光影效果混淆了为构筑画面而配置的黑、白、灰色块。

5.对比

对比就是把相互对立的事物组合在一起进行比照。也就是说，通过把这些不同的事物进行并置，产生视觉刺激，使得对比双方各自的特性更加鲜明，从而使画面层次清晰，主次分明。合理运用对比是增强画面传达效果的重要手段。对比的方式有许多，前面我们已经介绍了点、线、面三种不同质态的对比，以及有关黑、白、灰不同色度的对比，另外，还可以有大小、虚实、繁简、动静、质感等的对比。

（1）大小对比。我们所要描绘的物品或者物象本身的大与小是构成画面对比的一个因素。夸张形式的运用能够突破常规思维模式，以戏剧性的画面产生视觉刺激。

（2）虚实对比。虚实对比是比较常用的对比方式。它不仅可以区分主次关系，也可以拉开物品与物品之间的空间距离。通常我们说，主体的描绘比较实，客体较虚，这样使主体更加突出鲜明，不会因为面面俱到而失去节奏和趣味。而实体在视觉上比较靠前，虚体比较靠后，它们之间的距离感是明确的。另外，利用虚实的相生相变，也会使画面产生独特的情感和意境。

（3）繁简对比。繁与简的强烈对比很容易突出主体，其清晰的节奏感也会产生视觉的愉悦。

（4）质感对比。通过深入表现对象的质感与肌理，显示出创作者的塑造能力。

（5）动静对比。视觉心理学已经证明：动感的东西比静止未动的东西能刺激人的视觉。所以通过动与静两种不同状态的对比，可以使画面富于变化。

6.秩序

（1）均衡、对称。混乱无序和呆板单调都不具美感，最符合审美需要的是均衡中存在变化，多样中蕴涵统一。

对称的布局虽然容易显得简单，但如果注意一些小的细节，使得局部的变化更加丰富和微妙，也会因此产生生动有趣的画面效果。

（2）重复、渐变。重复是指形状、颜色、大小相同的物象反复排列，重复不是绝对的重复，而是要去表现出重复中的变化。

渐变是指基本形式或者骨骼逐渐地、有规律性地变化。渐变的形式给人很强的节奏感和审美情趣，色彩由浅到深。渐变形式在日常生活中随处可见，是一种很普通的视觉形象。由于绘画中透视的原理，物体就会出现近大远小的变化，如图2-56、图2-57所示。

图 2-56 渐变（陈佳）

图 2-57 重复（陈佳）

（3）夸张、变形。夸张（艺术手法中的夸张）就是在一般中求新奇变化，通过虚构把对象的特点和个性中美的方面进行夸大，赋予人们一种新奇与变化的情趣。通过对人物以及事物的形象夸张渲染，可以引起人们丰富的想象，激发人们的兴趣。在许多艺术作品中都会运用夸张的手法，有以下几个方面：人物造型的夸张、人物性格的夸张、人物动作的夸张、设置环境的夸张、想象的夸张、颜色的夸张、镜头的夸张、音乐的夸张等。在动漫艺术作品当中，夸张是通过对客观事物和现象做出超实际的扩大、缩小或变异的表现，同时表达强烈的思想感情，突出本质特征，运用丰富的想象力，对事物或者表情的某些方面加以夸大或者缩小并做艺术上的渲染。

在手绘艺术及素描造型中，经常用到夸张和变形的方法。夸张、变形的视觉效果一般都会带来超出常规的心理感受。画面不再是四平八稳，因为戏剧性的饰品更具有视觉震撼力。经过艺术家将结构物的不同部分合并和重新组合，利用这种形状的演变，艺术家呈现在我们眼前的作品不仅为一个物体，而是一个象征。在素描教学中，对于夸张和变形大家一直有不同见解。夸张是指客观对象的整体或局部的特征加以夸大和强化，使之更加明显突出，如图 2-58 所示。

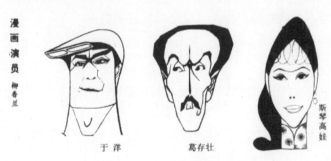

图 2-58 夸张漫画

变形，则是根据画家主观表现的需要，重新安排和组合客体的各部分，改变客体的外部直观感觉，以构成新的形体，如图 2-59 所示。

（1）

（2）

（3）

（4）

图 2-59 怪诞早稻系列作品

实践作业

（1）了解透视中的一些基本概念。

（2）了解写生的观察方法（平视、仰视和俯视），课后写生练习、巩固与提高。

（3）了解透视基本类型（一点平行透视、两点成角透视、三点成角透视）。

（4）练习线条、体块与光影关系，处理技巧和排线方式。

（5）课堂练习一点透视（室内）一张。

第三章　基础表现训练部分

本阶段教学引导	
教学目标	通过本章的学习，了解并掌握室内外设计表现中单色效果图基础技法训练部分所要包含的内容模块知识点，包括材质笔触训练、单体场景训练、组合场景训练、写生实践训练和实践作业。
教学方法	运用多媒体教学手段，通过图片、PPT课件、视频、微课等实际案例来讲解示范分析、辅助教学；增加学生对材质笔触训练、单体场景训练、组合场景训练、写生实践训练的认识和了解，并且能熟练掌握室内效果图表现基础技法训练。
教学重点	本阶段的重点内容是掌握材质笔触训练、单体场景训练、组合场景训练、写生实践训练运用，并要求掌握单体场景训练，组合场景训练，写生实践训练中室内外空间界面设计、空间色彩设计、空间形式美设计等原则；培养学生分析、思考和设计能力。
作业要求	在本阶段的学习中，通过现场讲解示范，进行住宅空间的软装陈设设计单色效果处理。A3纸表达，要求线条运笔急缓、力度把握等都会产生不同的画面效果。

第一节　材质表现训练

在充满各种风格设计的当代世界，在城市规划设计、建筑设计、工业设计等当中的室内外空间及许多大小环境场景手绘表现中，物体本身附有材质表现的出场率是最高的。这里所介绍的材质不是绘画及设计展现的材质，而是绘画设计对象所表现的物体材质。所以，各种材质表现的笔触训练综合起来讲是进行材料笔画、单体、场景匹配和素描练习的训练。经过练习，具有视觉冲击效果的室内外场景效果图表现可以丰富多彩，被各种物体材质和风景配景等所美化。手绘效果图的特点是生动、概括、快速地表现出设计者的设计思想，是一种"叙述"语言，用于表达设计者特有的思想和情感，不易于反复修改，但适合创作。只有在准确地描绘它们后，才能达到理想的一些画面效果，使所创造的环境得以完美和谐，从而再现场景空间的艺术效果。一般的室内外物体效果材质通常表现有木材、石材、墙面、地面道路、金属、玻璃、不锈钢、织物等。这些手绘表现作品有别于画家作品，又区别于工程师的施工图，它们一般都记录设计师平日里表达设计思维的特殊"图示"方式，具有特殊的"图示语言"。设计者主观地推动笔在纸上有目的地进行涂鸦或者绘制，留下笔迹。根据物体的形状和结构与块体的运动之间的关系，绘制时应注意点、线、面的排列。表现材质笔画的长、短、宽、窄组合不应是单一的，应该是所有改变的，否则图片会显得呆板。以下就室内外所表现的主要材质进行简单介绍。

一、木材的表现

木材美观自然、无污染，泛指用于建筑的木制材料，通常分为软木和硬木两种。木材按树种进行分类，一般分为针叶树材和阔叶树材。木纹材质表现的重点是突出其粗糙纹理，主要应用在地板和较大的家具结构面上。纹理的线条应该是自然的、随机的，而不是机械化地显示相同的纹理。木材是天然的，其年轮、纹理往往能够构成一幅美丽的画面，给人一种回归自然的感觉，无论质感还是色彩都独树一帜，深受人们喜爱。一般室内外设计选用的木材是典型的绿色产品，本身没有污染源，有的木材有芳香酊，能发出有益健康、安神的香气，使用安全，装饰效果好。

根据以上分析，常见的木材主要包括松木、橡胶木、桦木、榉木、榆木、水曲柳、橡木、黑胡桃等。其中，硬木不一定是坚硬的木材料，只是其木质更加致密，软木也不一定是松软的木料（密度较小）；硬木和软木之间的区别与植物繁殖有关。硬木树木是被子植物，这类植物产生的种子具有某种包被；软木是裸子植物。木材中的低档木材有松木、杉木等，质地比较软，常用作实木家具的辅材，如抽屉板、后背板，还可制作儿童家具，价格便宜，自然环保。橡胶木作为硬木，因其价廉被广泛采用，某些大品牌家具也用此材料。桤木、桦木、柞木差不多，价格一般不高。中高档木材有榉木和榆木，俗称北榆南榉，一直都是民间家具的常用材料，价格相对高档进口木材和红木比较亲民，兼具观赏性和实用性。高档木材多为进口而珍贵，除作为高档家具用材外，黑胡桃、水曲柳、樱桃木等一般为优质贴面用材，作为装饰元素，如图3-1～图3-7所示。

 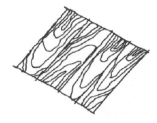

图 3-1　木材纹路

图 3-2　木材纹路图 1　　　　　　　图 3-3　木材纹路图 2

图 3-4　木材纹路图 3　　图 3-5　木材纹路图 4

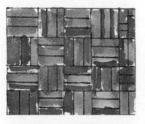　

图 3-6　木地板 1　　　　图 3-7　木地板 2

　　若是从建筑材料的角度分类，木材一般分为原条、原木（包括直接用原木、加工用原木）、普通锯材、特种锯材、枕木、木质人造板材等；若从装修装饰材料的角度分类，木材还可分为木质地面材料（实木地板）、胶合板、木质纤维板、刨花板、细木工板（俗称大芯板）、旋切微薄木贴面装饰板、木质线材及花饰、木质印刷花纹板、木门窗等。如图 3-8、图3-9 所示，木材分原木和板材两种，常用的室外木材有柳桉、杉木、芬兰木、波罗格等。室内使用的木材则更为多样化。原木就是未经过处理和加工过的树木，在手绘效果图表现时应注意画出原木表皮的粗糙感。板材，就是经过加工和处理过的木材，手绘表现时应注意木质本身的原色，并注意描绘它的厚度、裂纹和木纹等，常用马克笔和彩色铅笔相结合的手法来予以表达。室内外还有一些板材用于地面或家具饰面，需经过油漆涂装，绘画时应注意漆膜光泽感的表现。

图 3-8　木材表现图 1　　　　　图 3-9　木材表现图 2

二、石材的表现

　　石材属于粗糙的材质，一般粗糙材质还包括砖材、编织物、藤制品、麻织品等。另外每种材质都有其独特的纹理效果，在手绘表现中要根据材料本身的性质来表现。例如，在用线条描绘石材的轮廓凹凸不平时可以自由随意些，也可以用"点"的方式来突出石材表面粗糙的肌理；也可以按照一定规律排列出来，线条的表达应按照物体本身的排列顺序细致刻画，然后再按照明暗，利用排列笔触的多少来突出虚实关系，如图 3-10 所示。

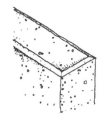

图 3-10 石材纹路

目前市场上常见的一般石材分为天然石材和人造石材。天然石材包括天然大理石、天然花岗石、天然石灰岩（又称天然青石）等；人造石材包括水泥型人造大理石、树脂型人造大理石、复合型人造大理石、烧结型人造大理石以及彩色水磨石等。天然石材的特点是坚硬，有天然的纹理，非常自然漂亮，但人造石材纹路肌理几乎一模一样，质地也没天然石材坚硬，如图 3-11～图 3-16 所示。

图 3-11 石材表现图 1　　　　图 3-12 石材表现图 2

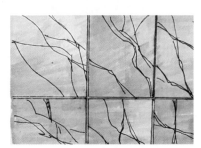

图 3-13 石材表现图 3　　　　图 3-14 石材表现图 4

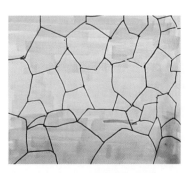

图 3-15 石材表现图 5　　　　图 3-16 石材表现图 6

再如，石材中的大理石又以汉白玉为上品，花岗岩比大理石坚硬。水磨石是以水泥、混凝土等原料锻压而成的；合成石是以天然石的碎石为原料，加上黏合剂等经加压、抛光而成的。后两者因为是人工制成的，所以强度没有天然石材高。石材的物理特性有耐火性、膨胀与收缩、耐冻性、耐久性、抗压强度。石材表现对象有很多，如室外建筑墙面属于石材，景观设计、室内设计当中应用的石材等，如图3-17～图3-20所示。

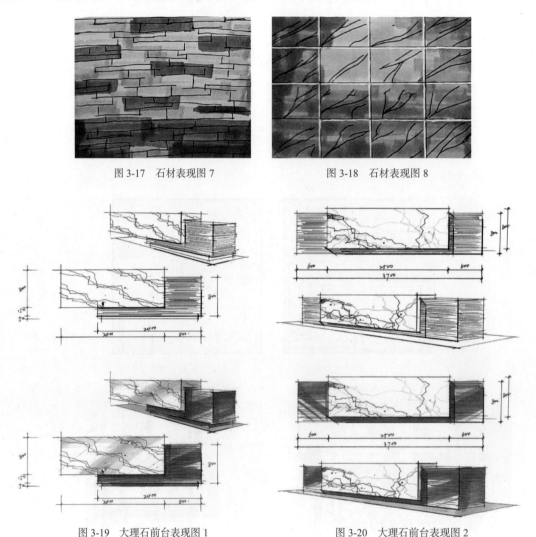

图 3-17　石材表现图 7　　　　　　　图 3-18　石材表现图 8

图 3-19　大理石前台表现图 1　　　　图 3-20　大理石前台表现图 2

三、墙面的表现

室内外墙面的材料质感表现主要可分为外墙与内墙两个方面。然而由于新材料、新工艺的不断更新换代，再加上现代建筑材料的迅速发展，用于建筑墙面的材料种类也就越来越多，手绘表现墙面的方法也就各不相同。在具体的绘制中，如果是较光洁的、粉刷涂饰的墙面，一般就依据墙面所确定的固有色，用退晕手法与冷暖变化的规律加以处理即可完成。为使墙面表现生动，可根据具体环境的情况，略加光影进行刻画，表示树枝叶时的阴影、天空云彩的阴影等，均能收到良好的表现效果，如图3-21～图3-26所示。

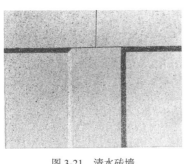

图 3-21 清水砖墙

图 3-22 瓷砖

图 3-23 大理石 1

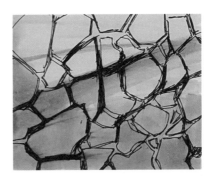

图 3-24 大理石 2

图 3-25 花岗岩

图 3-26 文化砖

四、地面道路的表现

一般地面道路的表现在绘制时应注意透视、光影、环境的关系。每一种路面因其材质的不同有其不同的表现方法，如图 3-27～图 3-29 所示。

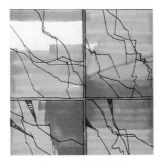

图 3-27 地面表现 1

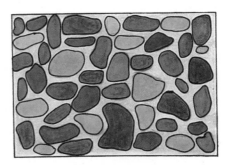

图 3-28 地面表现 2

图 3-29　地面表现 3

五、玻璃和金属的表现

玻璃主要分为平板玻璃和深加工玻璃；按工艺可以分为热熔玻璃、浮雕玻璃、锻打玻璃、晶彩玻璃、琉璃玻璃、夹丝玻璃、玻璃马赛克、聚晶玻璃、夹层玻璃、中空玻璃、钢化玻璃、调光玻璃等。一般手绘表现中的玻璃有透明玻璃和反射玻璃两种。在表现透明玻璃时，先画出玻璃透过去的物体形状和颜色，然后在所要表现的玻璃表面上用扁笔调好适量的水粉（灰白），借助于槽尺垂直或是倾斜向下快速地扫笔，这样就会形成局部半透明的效果。如果画的透明玻璃是有色的，比如蓝色，就在白颜料中加入淡淡的蓝色即可。反射玻璃是常用于室外的一种材料，它具有强烈的反射性，犹如一面镜子，可将其周围环境折射出来，如天空、树木、人影、车辆及周围建筑物等，在绘制过程中要注意反射环境的虚实变化，不可过分强调其折射效果，否则会造成喧宾夺主的感觉，影响对主体自身的表现。玻璃以独有的特性、色泽和质感构成了景观设计中不可缺少的元素之一。玻璃材料在当代景观和建筑设计中及室内设计中也被广泛地运用。玻璃表面可以把自然光线引入室内空间，提供了良好的视觉景观。玻璃在空间设计里经常出现，质感效果有透明的清玻、半透明的镀膜和不透明的镜面玻璃。在表现透明玻璃时，如同前面所述：先把玻璃后的物体刻画出来，然后将玻璃后的物体用灰色降低纯度，最后用彩铅淡淡涂出玻璃自身的浅绿色和因受反光影响而产生的环境色。镀膜玻璃在表现时除有通透的感觉外，还要注意镜面的反光效果。镜面玻璃表现时则要注重环境色和环境物体的映射关系，但在表现镜面映射影像时需要把握好"度"，刻画不能过于真实，否则画面会缺乏整体感。

玻璃的特征是透明和反射，在阳光的照射下它的反射光影随着角度的变化而多变。在光影的映照下，玻璃的表面产生了投影、阴影和色泽的层次变化，同时又与墙面之间形成了质感的对比。由于玻璃具有透明的特性，所以在描绘玻璃质感时，要将它所透视物体本身的固有色和周边环境表现出来，从而达到表现玻璃质感的目的，如图 3-30～图 3-33 所示。

图 3-30　玻璃材质 1

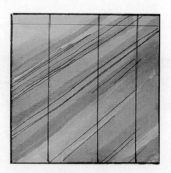

图 3-31　玻璃材质 2

图 3-32 透明玻璃表现（图片来自网络）　　　图 3-33 镜面玻璃表现（图片来自网络）

　　金属是一种具有光泽（即对可见光强烈反射）、富有延展性、容易导电、导热等性质的物质。金属的这些特质都跟它的晶体内含有自由电子有关。其质地是非常轻的，而且强度非常好，还有非常好的耐腐蚀的优良性能，而且经久耐用。镜面材质和金属材质的反光质感很重要。金属材质在线条表现上和镜面材质是相同的，两者的主要区别在于固有色的不同，如不锈钢等金属，如图 3-34、图 3-35 所示。

图 3-34 金属表现 1　　　　　　　　图 3-35 金属表现 2

第二节　材质表现线条应用

一、线描形式

　　线描表现在手绘表现中可以用直线、弧线、曲线等很多线条形式进行。一般线描程序是用铅笔、钢笔、水笔、针管笔等进行绘制。这种线描本身是一种独立的手绘形式，在画面中线条的分布也是要仔细考虑的，线的分布被用在许多形式的着色中。线条画是绘画的基本技能之一，主要应用于素描的表现。在手绘表现中，线条虽然不是基本技艺的一部分，却是一种比较先进的手绘技法，体现了高层次的黑白表达。手绘线技术基本上是从素描中所用的绘图笔派生出来的，在技术和效果上都有一些具体的规则。接下来将研究绘画笔线技术的特点和要求。绘图笔线继承了绘图笔的"快"和"硬"的特点。所使用的线主要是直线，但它们可以稍微弯曲。绘制笔的头是很好的，因此对线密度的要求也较高，一般行间距不大于1mm，并且应尽可能保持序列的均匀感。布置的长度不宜太短，特别是在实践中建议设置长度在3cm和6cm之间。布线的方向不是固定的，应精通各种方向。从屏幕要求的角度来看，垂直线训练是一个关键点，如图3-36～图3-38所示。

图3-36　线条练习1

图3-37　线条练习2

图3-38　线条练习3

　　线是手绘设计表现的基本构成元素，也是造型元素中重要的组成部分，用于界定所要表现对象及空间的轮廓，它是表现图的结构骨架。不同的线条代表着不同的情感色彩，画面的氛围控制也与不同线条的表现有着紧密的关系。我们在表达线条的过程中，绘制出来的线条具有分量、轻重、密度和表面质感的不同感觉。在表达空间时，线条能够揭示界限与尺度，在表现光影时，线条能反映亮度与发散方式，这也是初学者要快速提高手绘设计表现水平的第一步。要想快速提升手绘设计水平，系统的练习并掌握线条的特性是必不可少的。我们知道，线条是有生命力的，要想画出线的美感，前提是需要做大量的练习，包括快线、慢线、直线、折线、弧线、圆、短线、长线、连续线等；也可以直接在某些空间中练习，通过画面的空间关系控制线条的疏密、节奏。体会不同的线条对空间氛围的影响，不同的线条组合、方向变化、运笔急缓、力度把握等都会产生不同的画面效果，如图3-39、图3-40所示。

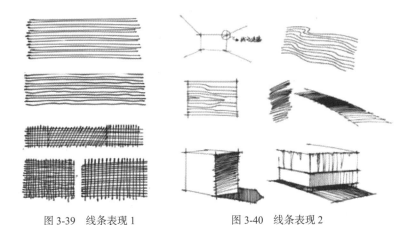

图 3-39 线条表现 1　　　　　　　　图 3-40 线条表现 2

　　室内设计在几十年的发展中，形成的设计风格趋于多元化。随着人们生活水平的提高，物质需求和精神需求也在不断提高。空间设计不只停留在功能合理层面，家居软装饰已越来越多地受到人们的重视。家居陈设在室内空间设计中占有很大的比例和重要的地位，能对空间氛围及环境效果产生重要的影响；同时能反映空间设计风格，决定空间设计细节和品质。以下展示几组用线条表现的家居陈设效果图，如图 3-41、图 3-42 所示。作为手绘表现技术，线条训练应根据其特点和要求逐步训练速度、密度、比例、块和重叠覆盖等。填充形状的训练方法使线条的练习更接近实际的效果需要，但同时要注意区分色彩层次。

图 3-41 室内陈设线条练习 1

图 3-42 室内陈设线条练习 2

二、素描形式

　　绘图笔的绘图性能更多地关注线条画的效果。这一素描形式实际上属于建筑绘画中钢笔素描的表现。通过强调黑白之间的对比，我们可以通过细致而清晰的边缘处理来增强画面和形状的视觉效果。除了突出主要内容外，还应适当应用疏漏和概括形式，以体现独特的手绘效果。铅笔素描与绘画相似，但与绘画表现没有明显和真实的对比关系，也没有追求光与影的真实、有力的效果；而是注重调整画面的节奏，达到统一、完整的效果。要做到这一点，图片中所表达的元素是不可忽视的；黑白灰关系、空间关系、主次关系共同组成了素描作品的三大关系。在美术创作过程中，黑白灰是用来对画面层次节奏归纳概括的一个方式规律。一幅素描如果构图完整，造型准确，明暗自然，主体突出，整体关系完整，有艺术感染力，那就是一幅很成功的素描了，如图 3-43～图 3-45 所示。

图 3-43　素描苹果静物（图片来自网络）

图 3-44　素描动物静物（来自网络）

图 3-45　素描人物静物（傅瑜芳）

黑白稿表现首先要注意画面远近关系的虚实对比，没有虚实对比就没有空间感。视觉上远处的物体是虚的，所以远处的物体要少刻画，甚至不刻画它的明暗关系；而近处的物体相对要深入刻画。其次是画面的黑白灰关系，通过明暗对比，使表现对象立体感强烈，结构鲜明。最后还要注意画面中线条变化的对比，像空间结构线和硬性材质线要借助工具画，像丝织物、饰品等要徒手画。线条表现实践的最佳方式是"延伸"。对于黑白表现来说，不需要掌握各种技巧和风格，关键是要理解画面一般的黑白层次，以便它们可以自由地表现应用。黑白表现不是一个严谨的草图表现，主要强调的是一般的表达方式。所以在画的过程中我们应该放松，选择适合自己需要的方式。可以在建筑物图画书中选择更完整的图片，然后在复制后进行绘图实践，这等于预先"过滤"黑白的草图关系。要敢于用大面积线条来处理画面，力求表现出各种质感效果。在实践中，必须放慢速度，追求细致深入的描写，要特别注意物体边缘的修剪，如图3-46、图3-47所示。

图 3-46 素描建筑写生（戴子琦）

图 3-47 素描建筑写生（傅瑜芳）

第三节 单体场景训练

手绘表现单体是指建筑景观、室内家具、灯具、配件等单体草图、表现效果图等。场景是指室内外大、中、小的场景。手绘表现室外场景中的游戏场景时，单体建筑、景观小品单体最为常见。其中建筑单体作品最为丰富，有些是主题性系列单体，它们有着不同风格。这些建筑场景单体手绘表现出来也相对比较复杂，难度也较大，既要表现出建筑物的结构素描，又要加以上色渲染，另外可以用手绘表现方式达到建筑单体的结构、明暗、光影变化等，强调突出物象的结构特征，如图3-48、图3-49所示。

图 3-48　单体建筑 1（图片来自网络）

如图 3-49　单体建筑 2（图片来自网络）

　　因此一开始在手绘效果图表现练习中，单体手绘练习显得尤为重要。平时就要有针对性地对素描绘画中会出现的各种材质进行系统归类，使我们心中形成形象丰富的材质资料库，如石材、木材、金属、玻璃、布艺、植物等材质的具体表现。室内单体场景效果图中绘制沙发、茶几、床、衣柜家具等摆设都要从整体入手，然后再简洁、概括生动地表达它们，特别是要注意单体透视的视角问题，并了解最新室内软装家具最新款式、结构、材料、新工艺等。练习室内单体和场景等训练可以结合第二章手绘表现基础中所述的透视比例等相关概念来绘制单体，刚开始可以用一点透视室内效果图中的各种单体来提高训练，如图 3-50、图 3-51 所示。

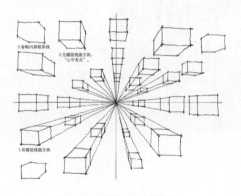

图 3-50　单体几何透视体块

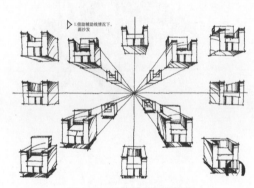

图 3-51　单体沙发透视体块

一、家具手绘表现

　　室内家具对于人类的生活来说是一个非常重要的物质组成部分，是人们生活、居住、工作及休闲必不可少的伙伴，而且为室内空间带来视觉美感和亲切的享受。如今随着国际交流频繁进行，人民生活水平不断提高，对室内居住的要求越来越高，所以对家具的使用功能、审美等各方面的要求都有所提高。谈起家具设计，应从我国第一部家具解释辞书《辞源》中对家具的解释说起：家用的器具。中国传统家具发展历程大致分为五个时期：矮型家具时期（史前至秦汉前期）、矮型到高型家具的过渡期（魏晋南北朝至五代）、高型家具时期（宋至明初）、家具成熟期（明中期至清初）和家具的衰落时期（清代后期至民国）。

　　首先，矮型家具时期（史前至秦汉前期）和矮型到高型家具的过渡期（魏晋南北朝至五代）：家具大致可分为坐卧类，如凳、椅、墩、床、榻等；凭椅和承物类，如几、案、桌等；贮藏类，如柜、箱、笥等；架具类，如衣架、毛巾架等；其他还有屏风等。典型的如五代画家顾闳中在《韩熙载夜宴图》中描绘的成套家具在室内陈设及使用的情形，如图 3-52 所示。

图 3-52　五代　顾闳中《韩熙载夜宴图》

其次，高型家具时期（宋至明初）：宋代家具种类有开光鼓墩、交椅、高几、琴桌、炕桌、盆架、座地擎（落地灯架）、带抽屉的桌子、镜台等，各类家具还派生出不同款式。其中"燕几"是宋代中国出现的最早组合家具。

再次，家具成熟期（明中期至清初）：明中期至清初随着手工业进一步发展，工具、工艺、材质的发展与成熟，家具成了流通的商品，许多文人雅士参与了室内设计和家具造型研究。明代家具在之前家具传统的基础上，发扬光大并推陈出新；其中，除了种类齐全、款式繁多、用材考究、造型大方、制作严谨、结构合理外，明式家具还有特色鲜明、简洁、雄伟、浑厚，善于运用人体工程学，家具材料主要以花梨木和紫檀为主的特点。

最后，家具的衰落时期（清代后期至民国）：这个时期家具种类包括坐卧类家具，有太师椅、扶手椅、圈椅、躺椅、交椅、连椅、凳、杌、交杌、墩、床、榻等；凭倚承物类家具，有圆桌、半圆桌、方桌、琴桌、炕桌、梳妆桌、条几（案）、供桌（案）、花几、茶几等；贮藏类家具，有博古架、架格、闷葫橱、书柜、箱等；其他家具还有座屏、围屏、灯架等。家具的衰落时期，从道光至清末，社会经济萧条，外国资本主义的侵入，造成家具的用材不再讲究，过多的装饰和用材的随意使得家具走向衰落。

（一）家具基本陈设画法

徒手表现中的一个重要环节是室内陈设表现。其直接意义是训练造型基础、透视基础，这个方法对于美术基础较为薄弱的学生是十分实用的。另外，这种方法可立竿见影，即学即用，为将来完整的空间手绘表现做准备。陈设是一切空间中的主要配置要素，也是营造空间氛围的重要手段，必须引起重视并加强训练。陈设在手绘表现图中占了很大的分量，如沙发、桌椅、字画、工艺品、灯饰、绿化等表现，我们要熟练掌握这些基本陈设的画法，做到"烂熟于心"。为此，不但平时就要对室内的各种陈设进行反复练习，还要做有心人，多留心观察，收集大量的陈设素材库。平时我们可以在期刊中收集资料，也可收集一些产品的图片资料，还可以通过网络搜寻资料信息，并可以对照着反复临摹，直到可以熟记并熟练地表现它们为止。但在画室内陈设时切忌死记硬背，要带着设计的思维来创造性地表现，只有这样才能达到举一反三、灵活运用的目的。这些积累对于将来进行整体空间手绘表现也会大有裨益，而且还可以根据不同风格空间的需要来绘制适合的陈设类型，从而增强自信心和表现力。

另外，随着室内装饰逐步步入"软装"时代，陈设表现训练对提高我们对软装的认识也是极有好处的。陈设训练可以分阶段来进行，在手绘学习初级阶段，以陈设训练为主要方式，在中期阶段多做一些陈设的组合训练。总之，经常进行陈设表现训练于手于心都大有裨益。毋庸置疑，初学手绘者练习陈设表现既练习了线条，又掌握了透视，这要比单纯的线条练习有意义得多。以下介绍一些常用的室内陈设画法，表现时要掌握一些基本要领，下面以沙发的画法为例。

（1）首先要找准沙发的基本形态、基本比例，如扶手与靠背的高度关系、结构关系，沙发基座、沙发坐垫、沙发脚与形体的准确是画好沙发的基本前提。

（2）注意沙发在空间里的透视关系，这也是最基本的准则，透视关系不准的话就会"全盘皆输"。

（3）在画时可以先用铅笔起稿，在画准形体后方可用钢笔画线，要注意线条的简练。

（4）强调细节表现的时候，用相对更密的线条加上阴影，然后留意黑白灰关系，亮面部分可以留白。

（5）沙发是客厅的主要陈设，沙发的款式多种多样，因而画的时候尤其要注意其特征。

（6）画陈设时下笔应干脆、果断、流畅，千万不要拖泥带水，否则，画面会显得生硬而缺乏生气；这点对于初学者来说有些难度，用笔速度快会容易丢形体，而保证画准形体线条又会显得呆板。这些只有通过长期实践，不断练习才能够熟练自如，如图3-53、图3-54所示。

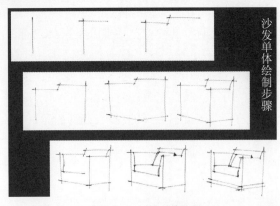

图3-53　沙发单体绘制1

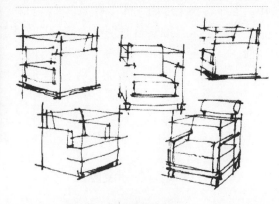

图3-54　沙发单体绘制2

一点透视沙发展示：一点透视表现的基本原理是"横平竖直，一点消失"，在刻画的过程中要注意观察形体的比例关系和透视关系下的物体摆放、光影的统一以及材质质感的表达。不同形式的沙发展示如图3-55、图3-56所示。

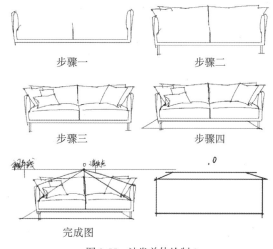

步骤一　　　　　　步骤二

步骤三　　　　　　步骤四

完成图

图 3-55　沙发单体绘制 3

图 3-56　沙发单体绘制 4

两点透视沙发展示：基本概念是"横斜竖直，两点消失"；在徒手表现中要注意其物体的两个消失点方向是否一致，若想要视觉效果可以有局部误差但是不能太大，同样要注意比例、透视等关系的处理，如图 3-57 所示。

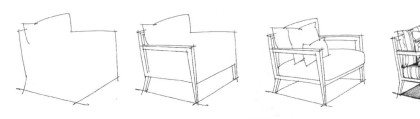

图 3-57　单体练习参考

另外，室内单体场景包括房间里的小、中、大场景。在规划整体效果时，首先从墙的透视线开始，勾勒出空间的雏形，然后画出主要物体的位置。一般来说，绘画的顺序是从整体到部分，从主体到次要。然后，在空间场景手绘出现之后，根据现实情况，添加一些家具及其他附件来丰富整体构图，再加上一些必要的细节来把握整个画面的效果。在着色时，我们应该从最重要的部分开始。颜色应该从浅到深，逐渐增加层次感。室内场景要注意中心部分是整个画面的视觉关键。可以增加一些笔画来丰富画面，否则画面会显得单薄，深层程度不够强，同时，可以添加彩色铅笔笔刷笔画，以柔和的画面色调增加生动的效果，如图 3-58 所示。

图 3-58 室内客厅陈设效果图（图片来自网络）

在一些室内空间手绘作品里，各种各样的摆件几乎无处不在，它们对空间装饰和文化营造的作用是不言而喻的，这些摆件艺术品往往更新得最快，其样式形态可谓是千姿百态。因此，画那些摆件的意义就可想而知了。摆件在手绘表现上相对家具及陈设表现来说无疑简单了许多，它们并没有太有规律的固定形状和比例，只有主观意义上的形体。以下一些摆件在此只做提示性的示范，在练习时需要多涉及一些摆件式样才能达到练习的目的，如图 3-59、图 3-60 所示。

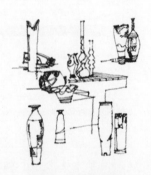

图 3-59 小品表现图 1 　　　　图 3-60 小品表现图 2

家具陈设中，如明式陈设家具表现具有线条简洁、优美流畅的特征，样式经典，但表现难度很大。其中，靠背与扶手的造型最难把握，画这些家具时要遵循其样式特征，线条要流畅、优美，造型也要确保准确。开始画时需求准不求快，先观察其比例关系，比如官帽椅，要把握其长宽高比例，即椅座高度与靠背高度的比例关系；先用铅笔画准形状，再用钢笔慢慢画线，从外到内、由表及里，直至画到正确为止，如图 3-61 所示。

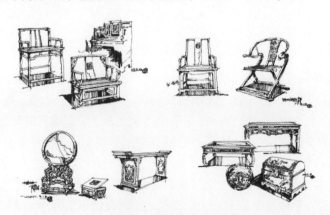

图 3-61 单体家具表现图

（二）家居陈设结构线稿表现

家居陈设结构线稿表现时抛去传统素描的光影关系影响，抓住描绘对象的外轮廓及结构线，强调形体转折线。能够把握对象的比例尺度，提高快速准确的造型能力。要掌握陈设单体和组合的绘制要点。如图 3-62～图 3-68 所示为线稿案例。

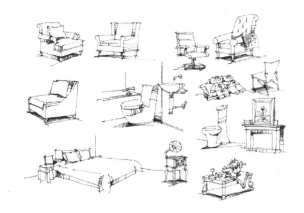

图 3-62 家居陈设图训练 1

图 3-63 家居陈设图训练 2

图 3-64 家居陈设图训练 3

图 3-65 家居陈设图训练 4

图 3-66　家居陈设图训练 5

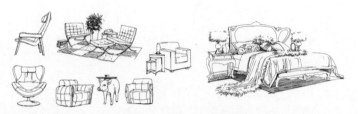

图 3-67　家居陈设图训练 6

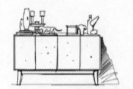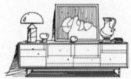

图 3-68　家居陈设图训练 7

（三）家居陈设光影线稿表现

在表现家居陈设光影线稿时，首先在结构线稿的基础之上假设有一个主光源，对形体做"三大调"处理——受光部、背光部、投影。受光部基本保持留白或简单线条表现，背光部以材质肌理表达为主，也可根据画面需要辅以适当光影斜线。投影是画面调子颜色最重的一部分，找到准确的投影位置按透视关系用线条表现，强调物体与投影的交接线，注意投影的远近虚实变化，如图 3-69、图 3-70 所示。

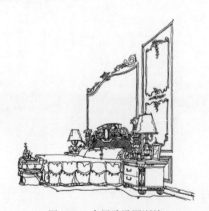

图 3-69　家居陈设图训练 8

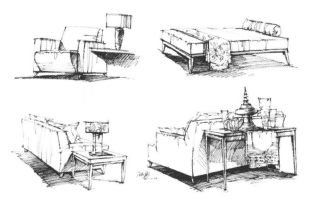

图 3-70 家居陈设图训练 9

二、灯具手绘表现

灯具就像我们家里的星星，在黑暗中带给我们明亮，可是灯具如果选择不好，这个效果不仅体现不出来，还会让人觉得烦躁，有的甚至会影响到在家做客的客人，这些原因都说明灯具的选择十分重要。我们在选择灯具时，首先应根据自己的实际需求和个人喜好来选择灯具的样式，其次注意选择的灯具的色彩应与家居的环境装修风格相协调，最后，灯具的大小要结合室内的面积、家具的多少及相应尺寸来配置，如图 3-71、图 3-72 所示。

图 3-71 手绘灯具 1　　　　图 3-72 手绘灯具 2

灯具在室内外环境也是常见和非常重要的一个元素。在灯具的手绘表现中首先练习几何图形的表达，然后通过马克笔绘制灯具的暗部，并留下一些笔画，然后用彩色铅笔进行过渡，这样灯具的"体积"就更丰富了。灯具是室内照明设备，直接影响画面的色彩效果。平时，我们应该注意收集市场上最流行的款式和形状，并选择一些简单、时尚的手工操作的灯具，如图 3-73～图 3-75 所示。

图 3-73 手绘灯具 1

图 3-74　手绘灯具 2　　　图 3-75　手绘灯具 3

　　为室内各个房间选择适合的灯具是家居装修很重要的一部分，要营造不同房间的家庭气氛，灯具的选择就很关键。所以，不同的房间应选择不同的灯具，且室内各个房间选择灯具时，应根据住房的大小、墙壁的颜色和家具款式来定。对于混合照明而言，需要将多种灯具组合使用；对于整体照明而言，要选择照明效率比较高的直接照明型灯具或是半直接照明型灯具，形式上主要是吊灯和吸顶灯；对于用以分区的照明而言，形式上主要是落地灯、台灯；对于局部照明而言，需要提供的是高亮度和特定区域的照明，可以选择直接照明型灯具，形式上主要是台灯、射灯。灯饰形态各异，造型多变。在表达灯具时，灯具的对称性和灯罩的透视尤为重要，特别是灯罩的透视很难准确地把握。我们需要先透彻地加以理解，总结出简单直接的方法，再去深入刻画灯罩部分。我们可以先将它理解为简单的几何形体，根据灯具所处空间的透视，做出辅助线，连接空间透视的消失点，将灯罩的外形"切割"出来，再去画出形体的中线，刻画灯具主体。用这样的简单方法理解性地练习几次就能够很好地掌握灯具的表达技巧，如图 3-76、图 3-77 所示。

图 3-76　手绘灯具 4　　　　　　　图 3-77　手绘灯具 5

第四节　组合场景训练

　　室内外组合表现训练主要表现的是室内外场景中出现的大自然当中的元素，如人、车、树、石头、水、天空等。

一、人的组合手绘表达

　　在室外建筑及室内手绘表现效果图中，人物的画法有它自己的体系特征，它的特征由手绘表现效果图的表现功能决定，表现的目的和要求决定了它的表现形式和方法。人物的形象往往是程式化的，不要求像写实绘画那样真实、生动和准确。

在效果图中，画人物时一般不宜画太大的近观人物，其原因一是不易表现，二是会干扰室外建筑形象和室内总体效果；在表现效果中还要注意人物服饰不要过分复杂和烦琐，不能喧宾夺主；画人物时动作要概括、简练，不宜变化过大，一般表现室外效果时只要画出男、女、大人和小孩就行了。在画建筑效果图时，人物自身透视是不必考虑的，根据人体的比例，"人"的高度应该是头部高度的 8 倍，宽度应是头部宽度的 2 倍。人物表现也是景观效果表现重要元素之一，它可以增强画面的动态感，反映空间的深度。另外一种人物表达方式并不突出身体特征，它是一种轮廓效应，同时不表现出动态特征，身体部位有点像"口袋"（见图 3-78）。这种形式在快速表达中更为实用，其设计是为了与大气的表达相匹配，而不是强调真实性。平时要注重收集更多的人的日常生活和照片数据，以便用于未来的设计图纸中。

图 3-78　人物表现

人物表现素描遵循比例、穿着、动态的原则。人体的大致比例为：男 7.5 例，女 6.5 例。在手绘表现中，男性穿着西服、夹克衫，女士穿裙子，所以画面会更加生动。在画人物动态时要强调站、行、坐的基本形式之间的区别，更需要展现前、边、半边的不同形式，使其生动、自然。总的来说，人物的上色不一定要像画服装表现一样面面俱到，可能就是一两个色块，再加点明暗关系就可以。景观人物在空间中可以起到点缀、活跃画面的作用，动静结合让空间富有生命。

二、车的组合手绘表达

手绘车时可以表现汽车、摩托车或其他小型汽车，如吉普车、面包汽车、皮卡等。汽车和其他车应结合透视、比例和流行风格绘制。其主要作用是烘托气氛、活跃画面、暗示建筑功能。汽车的手绘表达时要注重交通与环境、建筑和人物的比例，增强现实感。在绘制汽车时，车体的长度和比例是由车轮直径的比例决定的。车身会反射光线，可以用笔触来处理简单的变化，以显示对周围景物的反射效果。在景观手绘表现中，汽车不要画得太小，注意它的骨架结构画准确即可，如图3-79、图3-80所示。

图3-79 车的表现1（叶博宇）　　　　　图3-80 车的表现2（叶博宇）

三、树、花卉等植物手绘表达

室内外绿化表现最主要的是树的表达。这里的"树"是指乔木、灌木、花草、盆栽等植物。植物的表现应该是随意的、自然的，反映出一种生命力。首先，室内外植物表现是景观设计的要素之一，也是表现自然的不可缺少的一部分。表现植物的质量直接关系到画面的效果，所以画出一个好的植物，首先要仔细观察和了解植物的自然生长姿势，了解不同植物的不同特征。在绘制植物时，我们应该从整体效果出发，突出植物的特征，不能以局部来描绘，这会导致整个画面凌乱而琐碎。因此，在绘制植物时，应注意密度的变化和简化。例如，乔木是高大的直立多年生木本植物，如银杏，它从地面较高的分支形成了一个冠，再如榆树、杨树等。高大的乔木（通常6 m到几十米）树干高大，如图3-81、图3-82所示。

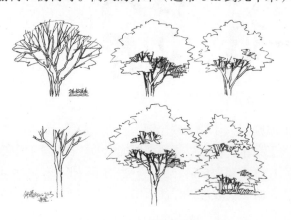 

图3-81 乔木表现1　　　　　　　图3-82 乔木表现2

（一）近、中、远树的表达

一幅漂亮、生动的手绘效果图，是多种因素综合表现的结晶。在我们设法表现一幅完整的室内外手绘效果图之前，可就与其相关的表现内容，进行一定的分别练习。室外建筑为人创造的环境，永远不能是孤立存在的，所以没有与之相匹配的合适的环境，建筑也会显得逊色。特别是表现室外建筑的效果图时，如果没有建筑环境配景，没有较好的设施，没有植物在建筑环境中出现，画面就失去了活力，失去了氛围，失去了表现的效果。因此，配景起着烘托映衬建筑方案的作用。以下简单介绍室外近、中、远树的表达。首先，画近景的树时要清楚表达出树木的生长姿态、枝干的转折关系。近景的树一般色调较深，用较深的颜色勾画出树冠的基本色调，但不能完全平涂，叶丛中要留有一定的空隙，用浅色勾画出亮面树叶的色彩。树冠在树干上的落影也要适当加以表达，这样近景才真实可信。素描表现或者色彩表现中树也有多种表达手法，如写实、装饰手法等，如图3-83、图3-84所示。

图3-83 植物表现1

图3-84 植物表现2

其次，画中景的树时一般采用光影的画法，把树木看作一个整体，在光照下，将树冠大致分出明暗关系，运用两种明度的绿色来表现，着重突出树木的体积感，如图3-85、图3-86所示。

图3-85 植物表现3

图3-86 植物表现4

最后，画远景的树时一般要成组或成片地画，或只勾勒起伏的树群外轮廓，不用单株表达；在对比关系上，尽量减弱光影的明暗关系和色彩的对比关系，弱化描绘对象，以起到在画面上视觉退远的效果；不必过细地描绘树木枝干的细节，尽量使背景虚化，形成一种很远的效果。花草是构成自然环境中最常见也是最不可缺少的元素。对花草的表现要依照花草的生长规律和视觉效果，正确地予以表现，如图3-87所示。

图 3-87 植物表现 5

（二）灌木的表达

灌木没有明显的树干，通常矮秆（通常在 6 m 以下），分枝几乎相同。它们都是从地面开始生长的，如冬青、杜鹃花、玫瑰等，如图 3-88、图 3-89 所示。

图 3-88 植物表现 6

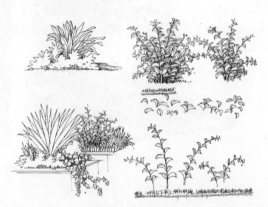

图 3-89 植物表现 7

（三）花卉的表达

花卉是植物景观的亮点和润饰，用夸张、自由的曲线来勾勒，不要描绘太多，如图 3-90、图 3-91 所示。

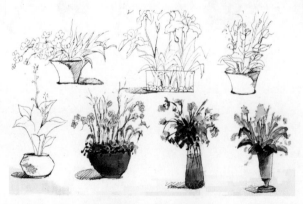

图 3-90 花卉表现

图 3-91 花卉表现

四、石头的组合手绘表达

石头材质在室内外表现中是比较常见的元素之一，特别是在景观设计表现中，石头是一种自然的有机物体之一，表现时要注意"黑白灰"三个面的关系处理。石头的形状和质地比较复杂，既有大的整体面，又有细微的表面和纹理的裂缝。此外，不同的石头造型特征也不同，有些石头像斧头一样被勾勒出来，有些石头很粗糙。显示这些石头时，要注意线条的排列要与岩石的质地和色泽一致，表现时要注意用线肯定、自如，表现出它的体积感，如图 3-92、图 3-93 所示。

图 3-92 石头表现 1（夏克梁）

另外，山石以其独特的形式、色彩、质感成为园林绿化的要素之一。手绘表现中常用的石头有太湖石、黄石、石笋、钟乳石等。画石头时，要注意石头的表面和轮廓。通常先勾勒出石头的轮廓，然后显示石头的左、右、上表面，使石头具有立体感。同时，我们必须通过对光与影关系的描述，来展示石头棱角的曲折，并展示出石头的结构。石头与溪水结合时，除了表现石头的坚硬感，还需要表现出溪水的流动感，如图 3-93 所示。

图 3-93 石头表现 2（夏克梁）

　　在景观园林的设计中，山石、水景的表现有动静之分，有深浅之分。我们在表现其材质和动静的时候，用笔要干脆；根据不同的石材，表现不同的色彩，最主要的是表现出石头的体块感，如图 3-94～图 3-97 所示。

图 3-94　石头表现 3　　　　　　　图 3-95　石头表现 4

图 3-96　石头表现 5　　　　　　　图 3-97　石头表现 6

五、水的手绘表达

　　水在空间中的处理主要是保持白色，用少量的蓝色。但是，水在室外景观表达中的颜色不一定非得用蓝色，也可以考虑用灰色或者其他颜色，可以根据整体画面的需要来调整，以显示周围物体的反射，并且还要强调反射和黑暗部分及波线。水是有深有浅的，自然用色也有所考虑，要选择不同色阶的马克笔，也要注意用笔的方向，要顺着物体走，比如画流水时，要注意流水的流向、速度、大小等。流动的水使用白色水波激起波浪，用浅蓝色描绘三维形状以反映水的"薄"和"移动"特性，如图 3-98 所示。

图 3-98　石头表现 7（图片来自网络）

在景观设计中，有天然的或人工的湖泊、池塘、渡槽、瀑布、喷泉、喷泉、水帘等。水景是景观设计的重要组成部分，在手绘创作中，水的光反射、流动等应该充分表现出来。水的特性是透明度、无形，以及它在阳光下的变化。水的表面是反射物体表面的反射面，水的波纹会使反射变形；由于水的表面会反射天空的颜色，因此水的表面通常接近蓝色，而波状背光或反射将具有周围物体的颜色，反映周围环境和邻近的水的颜色，如树木、石头、花、草等，这些都需要仔细绘制在手绘效果图中，如图 3-99 所示。

图 3-99　石头表现 8（图片来自网络）

六、天空的手绘表达

天空的上色表现有很多种，这里列举三种常用的表现方法：排线过渡法、色块平涂法、快速排线法。表现天空，最主要的是起背景衬托的作用，不宜过于花哨。

第一，排线过渡法：从一个方向到另外一个方向，从深到浅，整体受光影变化的影响。

第二，色块平涂法：马克笔大色块的平涂，用笔不宜过于花哨，同时要做到心中有云，要有画一些云朵的感觉，背景要自然些。这种画法对于水彩也是个很好的选择，如图 3-100 所示。

图 3-100　天空表现

第三，快速排线法：这种画法除了用马克笔表现外，彩铅也是一个很好的选择。画云时，线条要自由、奔放，这样可以活跃画面空间。

第五节　写生实践

一、写生的概念

写生是指从大自然取景、物、元素的素描。室外写生的素描也可在画室里完成，不过写生素描不同于静物画（still life），在静物画里，即使无活力的对象仍会显现出它的自然状态。写生素描及其他像人体写生（life drawing）、临摹古件（drawing from the antique or from cast）和临摹平面作品（drawing from the flat）等练习常常是艺术家课堂练习的一部分。写生素描作品除了可当作艺术作品之外，也可作为在画室进一步绘画的笔记或研究使用。[①]

二、写生的分类

写生是直接面对对象进行描绘的一种绘画方法，有"风景写生""静物写生""人像写生"等多种根据描绘对象不同的分类。一般写生不作为成品绘画，只是为作品搜集素材，也有的画家直接用写生的方法创作，尤其是印象派的画家，经常利用风景写生，直接描绘瞬间即逝的光影变化，所以有时也被称为"外光派画家"。总结 20 世纪中期以来的"写生"，形式也各种各样：有作为提高技法的写生；有作为收集素材的写生；有作为体验生活的写生；也有作为创作方法的写生等。

（一）谈油画写生

油画要求写生，写生是油画体系内重要的组成形式，如图 3-101～图 3-105 所示。

图 3-101　水果静物（李卫联）　　　图 3-102　花卉写生（李卫联）

① https://baike.baidu.com/item/%E5%86%99%E7%94%9F/627739?fr=aladdin.

图 3-103　欧月系列（李卫联）

图 3-104　老屋 1（李卫联）　　　　　图 3-105　老屋 2（李卫联）

（二）诵国画写生

在中国画历史上，很多的大师都是"写生"的倡导者和践行者。宋代范中立云"师前人不如师造化"，指出了以自然为师的重要性；南北朝谢赫在其"六法"中，把"应物象形"作为一法；黄宾虹则将师前人和师造化结合起来……传统中国画一直很重视写生。到了近代，我国著名现代画家、美术教育家徐悲鸿，在他众多种类的绘画作品中，国画是首屈一指的。他的中国画《九方皋》《愚公移山》等巨幅作品，充满了爱国主义情怀和对劳动人民的同情，表现了人民群众坚韧不拔的毅力和威武不屈的精神，表达了对民族危亡的忧愤和对光明解放的向往。他常画的奔马、雄狮、晨鸡等，给人以生机和力量，表现了令人振奋的积极精神。尤其是他画的奔马，更是驰誉世界，几近成了"现代中国画"的"象征"和"标志"，如图 3-106、图 3-107 所示。

图 3-106　九方皋（徐悲鸿）

图 3-107　愚公移山（徐悲鸿）

（三）赏钢笔画和钢笔淡彩写生

　　钢笔画和钢笔淡彩写生在写生历史中有着举足轻重的地位。钢笔画是普通钢笔或特制的金属笔灌注或蘸取墨水绘制成的画。钢笔画属于独立的画种，是一种具有独特美感且十分有趣的绘画形式。其特点是用笔果断肯定，线条刚劲流畅，黑白对比强烈，画面效果细密紧凑，对所画事物既能做精细入微的刻画，亦能进行高度的艺术概括，肖像、静物、风景等题材均可表现。而钢笔淡彩则以钢笔线条为主要造型手段，辅以色彩来烘托画面气氛，如图 3-108～图 3-118 所示（详见第四章中的"钢笔表现训练"）。

图 3-108　石家庄站之老站（作者：鞠广东）

图 3-109 浙江宁波岩头古村（作者：李嫛凡）

浙江宁波奉化岩头古村，如图 3-109 所示，堪称"民国第一村"，岩头村因石头而得名，的确名副其实。路面的材质为青砖条石和鹅卵石。残留的老房子，大多由青砖石和木头筑成。此作品是当地民居里的小院，作品表现出当地院落文化，表现了当地宜人的居住场所。

图 3-110 浙江奉化大山村（作者：李嫛凡）

浙江奉化的大山村，如图 3-110 所示，因古村深处于大山中，而被命名为大山村。大山村的周围密布竹林，在夏天，大山村隐藏在葱葱郁郁的绿色中，当地民居大多由石头和木材构筑。此作品中景、远景、近景表达恰当，构图层次丰富，如图 3-111～图 3-118 所示。

图 3-111 钢笔写生 1（傅瑜芳）

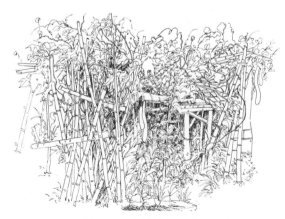

图 3-112 钢笔写生 2（傅瑜芳）

图 3-113　钢笔写生 3（傅瑜芳）

图 3-114　钢笔写生 4（傅瑜芳）

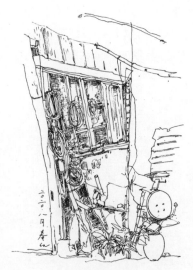

图 3-115　钢笔写生 5（傅瑜芳）

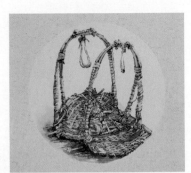

图 3-116　钢笔淡彩写生 6（傅瑜芳）

图 3-117 钢笔淡彩写生 7（傅瑜芳）

图 3-118 钢笔淡彩写生 8（傅瑜芳）

（四）观马克笔写生

马克笔在日常的临摹、写生、涂鸦等手绘表现中也有将近 20 年历程。马克笔写生表现培养了设计师的基本本质与审美，并揭示视觉思考的本色，配备精力与知觉，提升对造型的评价力、观赏力，如图 3-119～图 3-131 所示（具体详见第四章中的"马克笔表现训练"）。

图 3-119 马克笔写生 1（傅瑜芳）

图 3-120 马克笔写生 2（傅瑜芳）

图 3-121 马克笔写生 3（傅瑜芳）

图 3-122 马克笔写生 4（傅瑜芳）

图 3-123 马克笔写生 5（傅瑜芳）

图 3-124 马克笔写生 6（鲁江）

图 3-125 马克笔写生 7（鲁江）

图 3-126　马克笔写生 8（鲁江）

图 3-127　马克笔写生 9（鲁江）

图 3-128　马克笔写生 10（鲁江）

图 3-129　马克笔写生 11（鲁江）

图 3-130　马克笔写生 12（傅瑛瑛）

图 3-131　马克笔写生 13（傅瑛瑛）

（五）品水彩、粉画写生

　　粉彩画是仅次于油画的第二大画种，经历也有几百年了，早在文艺复兴时期就曾经有很多画家用水粉作画。粉彩长期以来一直被画家所接纳，但真正风行一时却在 18 世纪。著名的有法国巴黎印象派画家、雕塑家埃德加·德加（Edgar Degas）。1869 年，德加画了大量色粉习作，主要画的是海滨浴场。20 世纪 70 年代初期，芭蕾舞女是德加非常喜欢的主题，如图 3-132 所示。

图 3-132 法国德加《舞女》

粉彩以圆柱形的小棒为粉笔进行绘画，这些粉笔主要由研碎的黏土与颜料的粉末混合而成，粉彩的特色是笔触粉润温柔，如图 3-133～图 3-137 所示。

图 3-133 粉画写生 1（李卫联）

图 3-134 粉画写生 2（李卫联）　　图 3-135 粉画写生 3（李卫联）

图 3-136　水彩写生 1（傅瑜芳）

图 3-137　水彩写生 2（傅瑜芳）

实践作业

一、课堂练习（20分钟）

课堂练习人物及单体家具透视表现各一张。

二、课外练习

课外练习人物及单体透视、单体家具多角度表现各一张。

第四章 上色表现技法训练

本阶段教学引导	
教学目标	通过本章的学习，了解并掌握上色表现技法基础，包括彩色铅笔表现训练，钢笔淡彩表现训练，马克笔表现训练，水彩效果表现训练和综合技法表现训练。
教学方法	运用多媒体教学手段，通过图片、PPT课件、视频、微课等实际案例来讲解分析、辅助教学；增加学生对上色表现技法训练的认识和了解，并且能熟练掌握上色表现技法训练包括的各种技能。
教学重点	本阶段的重点内容是掌握上色表现技法基础运用，掌握彩色铅笔表现训练、钢笔淡彩表现训练、马克笔表现训练、水彩效果表现训练和综合技法表现训练；培养学生分析、思考和设计能力。
作业要求	一、课堂练习 　根据资料图片（或者自己去收集），A4纸画一点或二点透视室内家具陈设上色稿2张； 二、课外练习 　1.线下熟悉练习两点透视框架图 　2.选择一张所画的家具陈设黑白稿上色，补充一张室外或室内或景观小品的马克笔上色习作。

第一节 彩色铅笔表现训练

一、彩色铅笔的工具介绍

众所周知，彩色铅笔是手绘表现中比较常用的工具之一，也称为彩色铅，彩铅。它是一种非常简单快捷的手绘工具，其最突出特点就是携带非常方便。彩色铅笔在画手绘表现时可用于多种形式，掌握起来也不难，其优点在于画面细节处理，如灯光色彩的过渡表现、材质的纹理表现、人物细节刻画等。但因为其颗粒感比较强，对于光滑质感的表现稍微差一点，如玻璃、石材、亮面漆等表现。使用彩铅作画时要注意画面空间感的处理和材质的准确表达，避免画面太艳或太灰。如果彩铅表现色彩叠加次数过多，画面会显得发腻，所以作画过程中用色要准确、下笔一定要果断。尽量一遍画出画面所需的大效果，然后再深入调整刻画细部。彩色铅笔的性能技术很简单，但不是随意的，它必须遵循一定的规则才能真正发挥其作用；彩色铅笔一般以进口48色水溶彩铅为最佳，现在也有其他种类的进口彩色铅笔，一般有以下两种用法。

一是平铺：平铺表现是大面积上色，以不体现笔触为主，上色时可以用两种同类色或对比色进行渐变，如图4-1所示。

二是笔触：部分室内效果图的地面、阴影或室外场景的配景、天空等采用彩色铅笔笔触的表现，如图4-2所示。

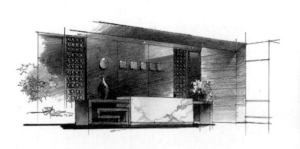

图4-1 彩铅效果图1（图片来自网络）

图4-2 彩铅效果图2（图片来自网络）

二、彩色铅笔的作用

1.作品力量感的加强

图4-3 彩铅效果图3（图片来自网络）

设计师在制图和绘画过程中一般会注意到使用彩色铅笔画的线的性能总是很轻，且它的效果不是鲜明和醒目的，这使得人们怀疑它的性能本身。如果颜色和亮度之间没有明显的对比，那作品将是平淡的。事实上，这不是彩色铅笔这种工具本身的问题，而是使用过程中的问题，彩色铅笔的铅芯不同于普通铅笔的铅芯，它的性能不如铅笔强。为了充分反映彩色铅笔的颜色，绘制它们之间的明度（深度）差异，在使用中必须适当增加用笔的强度，以显示彩色铅笔的特殊颜色。这是一种非常简单的增加强度的方法，但是很多人往往在使用颜色铅笔时没有一定的概念，并且总以使用铅笔的强度来使用彩铅。其实，这是缺少对彩色铅笔性能的一定认识和理解，不同的铅笔铅芯，都有它不同的性能。在使用过程中也要根据具体内容和需要把握强度差异，以便更好地达到画面需要的效果，如图4-3所示。

2.色彩丰富感的增强

彩色铅笔的使用在增强色彩丰富感上，可单调，又可丰富。彩铅在手绘过程中和画专业画有所区别的是，它不太需要过多的研究和思考。它无论强度如何变化，单色染色的效果都会显得很迟钝，而我们使用彩色铅笔的主要目的是利用其特性创造丰富的颜色变化。因此，在性能上，我们可以适当地在大面积的单色中分配其他彩铅颜色，并且其颜色往往与主色调相近，这是一定的补充色。例如，为了描绘一幅室外的民居环境，在绘图过程中，我们不仅要使用深绿色、浅绿色、深绿色等绿色系列，而且要适量添加黄色或橙色。这是一种使用冷和暖的颜色关系的方法，这些颜色可以使画面色彩更进一步丰富、鲜艳、生动，也能体现出朴实的民居环境和浪漫的氛围。因此，在手绘实践的初期，我们就应该大胆地尝试各种颜色，不断地尝试和协调各种彩铅颜色。因为彩铅搭配的颜色有的有很强的自由度，所以不要太顾忌搭配是否符合原则，如图 4-4、图 4-5 所示。

图 4-4　彩铅效果图 4（图片来自网络）　　　图 4-5　彩铅效果图 5（图片来自网络）

3.笔触统一性的促进

引导效果的一个重要因素是笔触反映色彩，它可以突出画面的形式美。促进笔触的统一性是一种非常有效的方法，它的主要方式是使笔画朝着均匀的方向倾斜。这种方法不仅容易学习，而且有利于良好的画面效果。统一笔画可以使画面完整和谐，但这也不是绝对的，画面中一些角落和细节需要调整与整体效果之间的关系。

以上这些都是彩色铅笔绘画的主要因素和要点。运用色彩导引来表现，追求画面效果是浪漫清新、活泼动感的，这也是一种强烈的色彩感，因此，彩色铅笔沿着黑白色的手稿要小心、完整地处理，并要用画笔一一展示。

三、彩色铅笔的手绘运用

（1）在起稿针管笔表现线条时，要注重线条轻、细、精等特点，为之后彩铅表现做前期铺垫。

（2）彩铅着色时要利用小调子排开，注重明暗变化，在表现粗糙物体时可使用大笔触调子。

（3）地面处理时可使用水溶性彩铅，表现出地面丰富层次。

（4）在亮部表现时可用轻调子或留白处理。

（5）整体使用彩铅体现出色彩柔美之感，色彩表现出真实。

（6）灯光处利用彩铅调子制造出光润效果。

第二节　马克笔表现训练

一、马克笔的概念

马克笔通常称为麦克笔，一般用作室内外及建筑手绘效果图和漫画。马克笔通常有单头和双头之分，能迅速地表达效果，是当前最主要的绘图工具之一。早期 ZG 的水性马克笔的特点是笔头比较坚硬，在手绘表现中是笔触表现的好工具。天鹅牌的油性马克笔，笔触着纸面积较大，易着大面积的区域，但是笔头质量一般。天鹅牌的水性马克提线笔是画速写的好工具之一。ZG 的油性马克笔质量、表现都是最佳的。韩国 Touch 的油性马克笔颜色不错，目前价格也便宜，性价比较好。

另外早期的美辉牌的水性马克笔也是比较普通的一款马克笔，初学者容易上手，适合大部分学生。从种类来分，马克笔分为水性和油性两种，油性马克笔的特点是干得快、比较耐水，而且耐光性相当好。而水性马克笔则颜色亮丽、轻透明感，用沾水的笔在上面涂抹的话，效果跟水彩一样。还有一些水性马克笔干了之后也会耐水。购买马克笔时，一定要知道马克笔的属性和使用效果才行。马克笔这个工具只要打开盖子就可以画，不限纸张，各种素材都可以上色。在手绘表现中，马克笔的表现手法也是国内外设计师的首选，尤其是室内设计领域，马克笔被公认为最佳的表现工具之一。近年来，马克笔一直保持着较高的使用频率，许多手绘的学习者直接使用马克笔的表现作为真实的手绘表现。马克笔之所以受青睐，是因为它具有携带方便、使用方便快捷、画面效果干净、利落等优点，马克笔更适合于小空间的表现，尤其是室内效果的表现。然而，任何工具都有一些局限性，马克笔只适用于某些表现形式。因此，我们不能盲目追随或抛弃。首先，要熟悉马克笔的特点和性能，掌握其基本的使用技巧，提高客观的认识，并根据实际情况选择工具。

二、马克笔的选择

市面上马克笔产品有很多，如日本的 Marvy 牌水性马克笔，虽然价格中等，但它是单头的，表现效果图不宜叠加，效果很单薄，且很容易使线稿花掉，现在已逐渐被淘汰。美国的酒精性的马克笔质量很不错，颜色纯度高，但是价格偏贵。韩国 Touch 牌马克笔是近十年来大众化产品，因为它有大小两头，水量饱满，颜色未干时叠加颜色会自然融合衔接，有水彩的效果，而且价格便宜。而中国国内目前做得比较好的是斯塔的马克笔和夏克梁马克笔，如图 4-6、图 4-7 所示。

图 4-6　斯塔马克笔

图 4-7　马克笔效果图（夏克梁）

三、马克笔的技术特点

马克笔由于其色彩丰富、作画快捷、使用简便、表现力较强、省时省力，而且能适合各种纸张，在近十年成了设计师的宠儿。选购马克笔时应以灰色彩为主，特别是灰色系和复合色系，纯度很高的色彩只需要少量用以点缀和丰富画面效果即可。

1.马克笔运笔训练及形体的塑造

马克笔运笔和形体的塑造学习要点如下。马克笔运笔方式根据所处光影位置及材质要求分为四种：平铺、飘笔、连笔和自由笔。一般飘笔用在最亮部，连笔用在画面暗部，平铺是马克笔基本用笔，自由笔多用在植物及柔软材质上面。在使用马克笔的过程中，运笔角度的不同可画出粗细不等的线条，也可表达光影的变化。其学习目的是掌握正确的用笔姿势和角度，熟悉马克笔的特点。

2.马克笔上色的大忌和上色的方法

初学者在使用马克笔时要想到用笔是关键。众所周知，使用马克笔的第一步，一般用笔讲究干脆利落，比较忌讳用笔拖沓和反复使用。在用笔的过程中长直线是比较难掌握的，起笔和收笔时，以及开始和结束线条的时候用力要均匀，线条要干脆有力，不拖泥带水，如

图 4-8 所示。

图 4-8　马克笔用笔 1

在大部分效果图中，直线条是马克笔表现的基础，但也需要经过一定量的训练才能达到熟练的程度。在画的过程中要干脆利索，才能够自如地控制用笔的力度。有些不同方向的笔触相对比较自由随意，只需要小角度地变换方向去运用，无太多规律可循，关键还是多练多用。在表现植物的时候不同方向的笔触表现运用比较多，这样的笔触随意变化且丰富，可以产生非常丰富的画面效果，富有一定的张力，如图 4-9 所示。

图 4-9　马克笔用笔 2

直射光、反射光都可以进行色彩过渡，在马克笔表现中，为了使色彩过渡能使画面更加逼真、鲜艳，也可以用退晕表现画面中微妙的对比。马克笔色彩的渐变效果将退晕技法的运用表现得淋漓尽致，也是进行虚实表现的一种最有效的方式。在马克笔表现中，也会大量地运用到虚实过渡，如图 4-10 所示。

图 4-10　马克笔用笔 3

需要注意的是，马克笔表现的一个基本规律就是受光面上浅下深，背光面则恰恰相反。这种过渡可以充分地表现出画面的虚实变化和光影的效果，同时表现物体的材质；也因为有了这种变化关系，手绘表现图更加丰富精彩。另外，表现形式可以通过几何形体进行马克笔的光影与体块的训练，也可以有效练习黑白灰与渐变关系。其中要注意的是亮部的留白，亮部从下往上依次减弱，运笔要果断且肯定，不要拖泥带水。颜色的过渡要自然柔和，如图 4-11、图 4-12 所示。

图 4-11 马克笔光影 1

图 4-12 马克笔光影 2

在手绘表现中马克笔叠加有两种形式：同色系的叠加和不同色系的叠加。同色系的叠加相对比较简单，所以可以表现一些简单的渐变效果，但是难以取得色彩的丰富变化；而不同色系相互叠加时，会使得画面效果比较丰富，但是颜色叠加不均匀容易出现画面偏灰或不干净的感觉，如图 4-13 所示。

图 4-13 马克笔叠加 1

另外，同一种颜色叠加会使颜色变深。同一种颜色每叠加一次都会适当地变深一点，一般叠加 2 到 3 次就基本上不会有太大的变化，但不能反复叠加，如图 4-14 所示。

图4-14　马克笔叠加2

不同的颜色叠加时会产生新颜色，如蓝色与黄色叠加产生绿色，纯色与灰色叠加纯度会降低等，不同颜色叠加产生的一些颜色需要根据实际经验来进行调配，如图4-15所示。

图4-15　马克笔叠加3

不同色系色彩叠加时应以一种色彩为主体，另一种色彩为衬托，这样才不至于出现画面物体脏的情况。有时候绘图过程中为了画面需要，会适当地保留一些笔触，在第一层马克笔颜色干透之后用同样的笔在目标区域绘图就能达到相应的效果，当效果不是很明显的时候，可以换一支颜色略深的马克笔绘制。利用同一支笔循环且不重叠产生丰富的空间变化，亮面适当地保留部分笔触以丰富画面，如图4-16所示。

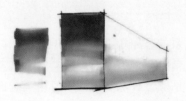

图4-16　马克笔叠加4

马克笔表现中横竖交叉的笔触更需要表现出一些变化，丰富画面的层次与效果。一般需要等第一遍颜色干了之后再画第二遍，否则颜色容易溶在一起，不能体现出细节变化，如图4-17所示。

图4-17　马克笔横竖交叉

四、马克笔的配色训练

初学马克笔的时候常常会不知道怎么用色及搭配色彩，所以在初期多进行一些色彩过渡及配色练习尤为重要。马克笔一般由深色叠加浅色（也会因材质需要浅叠深）。同一支马克笔反复叠加会加重其色彩（到一定明度后就不会有明显变化）。不同色系及明度相近的色彩大面积叠加会使色彩变浊变脏。所以，马克笔配色训练的目的是通过大量的色彩配色训练了解马克笔的调色效果及变化，如图4-18所示。

图 4-18　马克笔配色

让我们再简单谈谈马克笔用色。首先如果初学者有较好的色彩基础，并运用绘画的色彩原理来画手绘，就可以在短期内达到较为理想的马克笔表现效果。如果基础较差，也可以通过大量的临摹和随着自己对色彩的理解能力的提高而逐渐提高。手绘表现的上色方法与绘画上色方法虽然大不相同，手绘表现有其自身的方法和技巧，但从色彩原理这一环节来看却有相通的地方，如色调、色彩的冷暖关系，色彩的明度、纯度及色彩的对比关系等，这些在手绘中都需要遵循一定的规律，但最重要的是需要通过大量的实践才能慢慢地领悟。绘画色彩十分注重物与物之间、物与环境之间的色彩关系，十分强调色彩的微妙变化。手绘的用色方式也是先要从色调入手，在遵循客观对象的前提下也应该有自己的主观色彩，只有这样才可以熟练灵活地驾驭画面，达到随机应变的境地。室内空间中的手绘表现图十分注重大色彩的关系，着重表现物体的自身特性。一般来说，在刻画上从单个物体入手，注重物体的固有色和质感。用色也是力图表现实际物体的色彩特征和质感特征，之后再将这些物体和空间环境进行适度的调和，并与环境产生联系，从而让手绘兼具色感和色调。

以下再简单谈谈色彩间的变化规律。在复杂的色彩关系中，冷暖关系是重中之重，虽然其变化较为复杂，但也有规律可循。色彩的冷暖变化规律大致如下。

（1）就整体效果而言，亮部冷则暗部倾向暖，其冷暖之间的差距有时明显，有时微弱，应视具体对象而定，如自然光照射下的物体，暗部就偏向于暖色。

（2）在暖色环境中的中性色也都有暖的倾向，在冷色环境中的中性色有冷的倾向。

（3）固有色相同且在同样光照的情况下，一般近处较暖、远处较冷，近处冷暖对比较强、远处冷暖对比较弱。

（4）物体亮部色彩的冷暖，除固有色的因素影响外，主要是光源色起关键作用。光源色暖，亮部色彩则暖；光源色冷，亮部色彩则冷。

（5）画面中暗部色彩的冷暖受固有色与环境色两个因素的影响，但不等于固有色与环境色的等量相加。哪个因素起主导作用，应看固有色纯度的高低、环境色影响的强弱。同时，应看它与亮部和背景的对比，要做具体分析以获得正确的冷暖倾向。

（6）中间调子（半调子）在色彩的冷暖中，固有色起到了主要作用，因为它受光源色和环境色的反射都较弱，而介于亮部色彩与暗部色彩的冷暖之间。

（7）明暗交界线的冷暖，介于亮部与暗部之间。它不受光源色的影响，所受环境色的影响也很微弱，色彩多与亮部形成冷暖对比，而与暗部相同，只是在明度上更暗，色感较暗部更弱，一般多以固有色加暗即可。

（8）投影色彩的冷暖由光照色决定，也由地面固有色决定。一般来说，投影比光照和地面固有色深，但都有暖色的倾向。

以上是色彩的一般性规律，可以起到一般性的指导和提示作用。马克笔颜色种类繁多，从目前单支颜色来看，有很多系列，如灰色系列，这个系列不仅仅是在颜色的深浅上有个排列过渡，更重要的是还细分了冷色灰和暖色灰，使用时要仔细辨别，熟练选择，运用色彩规律来区别划分，以此类推，其他色相都有系列，选择原理同灰色。

总之，马克笔手绘是很讲究颜色运用的，而颜色运用原理与绘画色彩如出一辙，只有不断实践和摸索才能够合理有效地运用这些颜色。下面以一些简单形体为例来简单谈谈马克笔的基础上色方法。这些用钢笔画的基本形体就其本身来讲，没有任何意义，但如果平时能经常这样漫不经心地去画，就可以帮助理解形体间的构成和组合关系，帮助理解和塑造形体。从这点来看，其对于造型训练还是非常有必要的。以下从色彩的角度，通过这些图例较为详尽地对马克笔在塑造形体时的用色进行示范性说明，特别是从环境色的角度对用色进行了描述。其实，一切色彩皆有规律可言，只要遵循规律，就可以慢慢掌握用色方法，如图 4-19 所示。

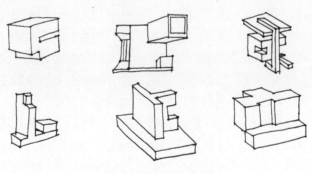

图 4-19　马克笔用色体块

如图 4-20 所示，虽然给形体上了颜色，但只有明暗变化，从色彩的角度来讲缺乏冷暖变化（图中只用了两种颜色，相同颜色经不断叠加后会变深）。

图 4-20　马克笔用色方法 1

如图 4-21 所示，就不大一样了，颜色既有明暗变化也有冷暖变化，原因是选用了与之邻近的橘色，并用在暗部的反射处（图中选用了 4 种颜色）。如图 4-22 所示，也只有明暗变化，缺少色彩变化，因而色彩显得有些沉闷（图中选用了 3 种颜色）。

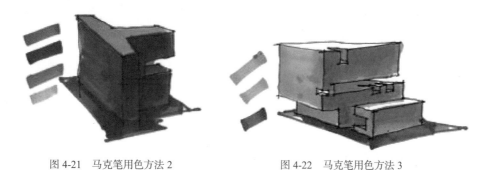

图 4-21　马克笔用色方法 2　　　　　　　　图 4-22　马克笔用色方法 3

五、马克笔材质表现

家居陈设的不同材质表现是我们空间设计中的重要组成部分。其中，材质的细分和刻画能让手绘效果图更加生动真实。所以，在掌握线稿基本功后，要对室内设计中经常出现的一些材质，如石材、木材、玻璃、金属、布艺、墙纸等进行系统的练习，总结其基本技法和表现规律，如图 4-23～图 4-26 所示。

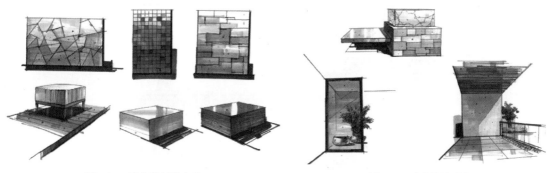

图 4-23　马克笔材质表现 1　　　　　　　　图 4-24　马克笔材质表现 2

图 4-25　马克笔材质表现 3

图 4-26　马克笔材质表现 4

六、马克笔陈设物表现训练

马克笔陈设物表现训练主要的学习要点是利用不同的色彩配色及技法，表达各类室内外陈设的材质及光影变化，其目的是熟练掌握色彩的造型技巧。我们可以通过大量的陈设训练，了解不同风格家饰的色彩及形式特点，为今后的设计创作提供素材，如图 4-27～图 4-36 所示。

图 4-27　马克笔陈设物表现 1　　　　　图 4-28　马克笔陈设物表现 2

图 4-29　马克笔陈设物表现 3　　　　　图 4-30　马克笔陈设物表现 4

图 4-31　马克笔陈设物表现 5

图 4-32　马克笔陈设物表现 6

图 4-33　马克笔陈设物表现 7　　　　图 4-34　马克笔陈设物表现 8

图 4-35　马克笔陈设物表现 9　　　　图 4-36　马克笔陈设物表现 10

　　用线条熟练地画好陈设和熟悉马克笔特性之后，便可以尝试给具体的陈设物上色了。本节内容需要结合前面章节里马克笔用色及塑造能力相关的内容来进行理解。手绘表现时需要在短时间内表现物体的形体特征和色彩特征，而不必过多地进行刻画。上色时最重要的是保持轻松自然的心态，不必拘谨，但也要适当有约束，即受具体形体的约束。色彩是为形体服务的，因此说"色彩应该上在形体上，不应该上在纸上"，应该让色彩具有说服力和表现力，通过色彩的表现，让形体真正地在画面上凸显出来。所以，马克笔上色时该注意以下几点。

　　（1）用笔要遵循形体的结构，这样才能够充分地表现出物体的形体感。

　　（2）用色要概括，要有整体上色概念，笔触的走向应该统一，应该注意笔触间的排列和秩序；以体现笔触本身的美感为主，不可画得凌乱无序。

　　（3）形体的颜色不要画得太"满"，特别是形体之间的用色，要有主次区别，要敢于留白，颜色也要有大致的过渡变化，以避免呆板和沉闷。

（4）用色不可太杂乱，要用最少的颜色画出最丰富的效果。同时，用色不可有"火气"，要"温和"，要有整体的色调概念，要知道，一幅较好的马克笔作品，其中中性色和灰色是画面的灵魂。

（5）画面不可太灰，要有虚实和黑白灰的关系，黑色和白色是"金"，可以出效果，但要慎用。

例如，卧室中的床相对于其他陈设物的外形是最简单的，几乎是"方体"。要想把床上的物品画好，一般来说是先将外形画准确后，再画床上用品，注意用线不可生硬，要表现其舒适感。如图4-37所示的这张床就是先从外形画起的。具体步骤是先画黑白线稿，画的时候也从外轮廓入手，要留意床及床上用品的形态以及线条的转折关系，床的外形和透视方式确定之后，再画床上用品以及其他内部结构。

图4-37 卧室陈设表现

陈设组合训练的目的主要是逐步培养场景感，为将来的整体感和谐表现做准备。组合训练是将单体放在一起进行排列组合，这要求单体造型准确、组合要有透视感，表现时还要对多个单体进行虚实处理。如图4-38～图4-39所示的陈设组合形成了一个客厅的一点透视场景，场景里其他陈设和摆件丰富，为空间增添了生活趣味。通过上色后整体效果也较为理想，因为上色时故意拉开了物体间的关系，如明暗关系、虚实关系、颜色的冷暖关系，前景处的摆件及茶几的受光面效果突出，与沙发间形成了明确的层次，且富有空间感。

图4-38 家具陈设表现1

图4-39 家具陈设表现2

如图 4-40 所示的沙发材质和造型都较为特别，主要材质为竹编，款式造型整体性极强，表现也很整体；在上色的时候要注意材质的表达，本图上色很轻松，颜色变化只做大致的冷暖关系的处理；图中蓝色的椅子与布艺相互彰显，效果出众。

图 4-40　家具陈设表现 3（图片来自网络）

马克笔的主要表现形式是色彩，其效果主要来自使用钢笔的技巧。

第一，马克笔的笔尖是用切线角特制的，它的两头形状决定了作品笔画的基本模式，并且需要以笔的某个角度来握住。如果笔尖角度逐渐提高，画出的线条就会越来越细，这是最基本的马克笔绘图方式。在表达过程中，可以随时调整笔的角度。控制线的宽度是一项非常重要的技术，马克笔的线条灵活而有效，它可以通过改变宽度和厚度来满足各种性能要求，如图 4-41、图 4-42 所示。

图 4-41　客厅效果图（李俊涛）

图 4-42　餐厅效果图（李俊涛）

第二，马克笔在作画过程中强调笔触速度和清晰度，追求力度。画出的每一行都应该有清晰的笔触，起码看起来是完整而有力的。在收笔过程中，只要稍微停留下，就会显得"腻"且没有力度。所以，运笔的速度是非常重要的，一些较长的线也应该快速完成。在练习阶段，应尽可能提高运笔的速度，使自己能快速适应马克笔的感觉，并迅速进入状态。马克笔通常以线条的形式使用。这种形式是线条的简单平行排列、笔画的整体形式，以及为画面建立秩序感。其技巧在于处理笔画之间的关系，无论是水还是油渍，笔画重叠明显，如图 4-43～图 4-46 所示。

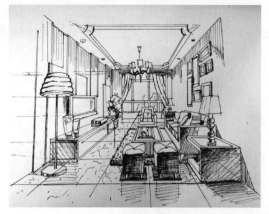

图 4-43　客厅线稿（周泽丰）

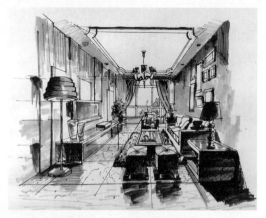

图 4-44　客厅马克笔（周泽丰）

图 4-45　书房马克笔（许冬雨）

图 4-46　客厅马克笔（许冬雨）

第三，马克笔不适合大面积染色，它需要一个通用的表达方式，但这种一般的方法也需要做出一些必要的转变。当然，现在很多品牌的马克笔都有柔和的过渡色，绘画方式也不是绝对的一种。但通常情况下，马克笔运笔取决于笔画的安排和物体结构等。这种性能不能依赖于深度和深度之间的色差对比度，而是逐渐画出折线的笔画之间的距离，降低密度，区分几个大的颜色之间的顺序关系。应该注意的是，过渡色尺度应该把握好，一般只有三或四级，如图 4-47 所示。

图 4-47　客厅效果图（刘国银）

第四，在马克笔的着色中，我们应该尽量控制画面的色彩对比关系，但不能过多使用华丽而强烈的色彩，应使用一些中性色，其中包含多种灰色。整个画面保持中性色调，然后可以用一些鲜艳的色彩装饰。马克笔的使用应遵循"深"的规律，强调处理的顺序。在最初的着色阶段，通常使用较浅的中性颜色进行铺底，这是底色处理；然后逐渐添加其他颜色使图片丰满；最后，使用较重的颜色来处理明度对比关系。根据这一步骤操作，可以有效地反映画面的整体效果，如图4-48、图4-49所示。

图4-48　书房效果图（周其乐）

图4-49　客厅效果图（周其乐）

　　第五，空白效果是马克笔着色的一项重要技术。使用马克笔来着色是快速和简洁的，由于大面积着色和过于细致的表达不是它的特长，所以留白是非常重要的。主要内容的集中表达是基于背景颜色的，而其他次要内容的底部不能进行其他处理，这样效果图画面会显得轻松灵活，具有清晰的层次关系。一般马克笔着色过程也是从下而上、从左往右的。但是如图4-50所示客厅在绘画木地板的过程中，它是在画面的底层，不能画得太过抢眼，一般都是画直线的。它也有明与暗，在其他物体的下面，表现得要暗一些，有时也会受到光的影响，如图4-50、图4-51所示。

图4-50　客厅效果图（刘国银）

图4-51　室外效果图（刘国银）

　　从以上特点可以看出，用马克笔画手绘效果图既有优点又有局限性。只有正确认识马克笔的局限性，才能更正确、大胆地运用它来处理画面效果。为了打破这种局限性，我们提倡一种特殊的处理笔画和色彩的方法，这是改善效果的一种手段。在实际表现中，马克笔表现技法的要点和捷径是：突出笔画的力度；小量的点缀色彩；画出明度对比度来进行小景物的表现。马克笔下所用的黑白原稿通常是用画笔画的，用一种快速的线描形式，尽可能地使用线条，自由流畅，节奏生动，不完整细致。

七、马克笔基础绘制步骤

首先用钢笔把整幅画的骨线勾勒出来。勾骨线的时候不要拘谨，要放得开；允许出现些许的错误，因为马克笔可以帮你盖掉一些出现的错误。画好骨线后再上马克笔，上马克笔也要放开，要敢画；要不然画出来很小气，没有张力。所上的颜色最好是临摹实际的颜色，有的可以夸张，突出主题，使画面具有冲击力，更加吸引人。颜色不要重叠太多，否则会使画面脏掉。必要的时候可以少量重叠，以达到更丰富的色彩，但是太艳丽的颜色不要用太多，比如画花、画书本等一些小品起点缀色的时候可以用点，要注意收拾，把画面统一起来。马克笔没有的颜色可以用彩色铅笔补充，也可用彩铅来缓和笔触的跳跃，不过还是提倡强调笔触。注意光影关系、虚实的表达、物体面与面之间的明暗对比。马克笔体块练习如图 4-52所示。

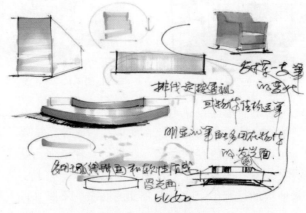

图 4-52　马克笔体块练习

用一支笔画出单体的明暗黑白灰变化与上色的轻重、次数叠加的变化有很大的关系。几何物体的笔触排练也要按照透视变化来排列，对于受光面、发光面，笔触更加明显。直线高光的排列多用于弧线形面和软性质感的受光面，如图 4-53 所示。

图 4-53　马克笔线条练习

1.马克笔树的表现

马克笔树的表现大致可以分为乔木、灌木、地被等的表现。在景观、建筑、规划手绘表现中，植物能起到增强画面层次、延伸空间进深的作用。为了快速表现，根据近实远虚原则，一般按层次把植物分为前景树、中景树和远景树。在色彩表现中，通过区别色彩的纯度、亮度和对比度来拉开空间关系。植物的类型很多，在手绘表现中都应概括、提炼出不同植物的特有形态进行处理，如图 4-54 所示。

图 4-54 室外效果图表现（图片来自网络）

2.马克笔乔木的表现

乔木在空间中扮演着至关重要的角色，起着分割空间画面、衬托构筑物的作用。在表现时要兼顾固有色，同时考虑冷暖灰的运用，配合建筑物渲染空间氛围。马克笔乔木的表现要点如下。

（1）根据乔木的生长特性，完成基本的形体刻画。

（2）从亮部开始着色，由浅到深完成整体的色彩关系的铺垫。

（3）加强亮、暗部的区分，对枝干、叶片进行刻画，调整整体层次关系。马克笔乔木上色表现如图 4-55～图 4-57 所示。

图 4-55 马克笔乔木表现 1（图片来自网络）

图 4-56 马克笔乔木表现 2（图片来自网络）

图 4-57　马克笔乔木表现 3（图片来自网络）

3.马克笔灌木的表现

乔木、灌木、地被植物构成植被三要素。其中，灌木在构图中一般属于前景植物，且灌木的高度决定了灌木在表现时一般位于视平线上下，所以灌木的刻画一般比较深入，用色较稳定、融合。灌木的马克笔表现要点如下。

（1）根据灌木的特点勾画出大概的形体，线稿阶段不宜刻画得过于深入，保持大概的形体关系即可。

（2）确定光源的方向，铺设亮面与暗面的色彩。亮面的色彩与暗面的色彩要有明确的明暗、冷暖对比。

（3）当笔的颜色比较容易散开时，在刻画的时候外轮廓适当放松、自然一点，才能符合植物枝叶疏密变化有致的特点。

（4）调整画面整体色彩，协调画面关系，在亮面适当增加一点枝叶的细节，可以让画面更加生动，如图 4-58 所示。

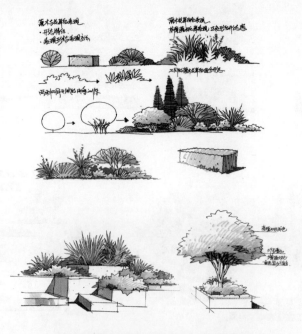

图 4-58　灌木马克笔表现（图片来自网络）

4.马克笔地被的表现

地被在空间中多用于草坪等大面积绿植中，在着色时多采用单色多次叠加，或同色系简单变化的手法，以平铺为主，同时兼顾近实远虚的关系。草坪的多种表现方式，如图4-59～图4-61所示。

图4-59　地被马克笔表现1（图片来自网络）

图4-60　地被马克笔表现2（图片来自网络）

图4-61　地被马克笔表现3（图片来自网络）

八、马克笔作品案例

1.马克笔住宅表现

（1）马克笔住宅表现有笔触活泼、色彩艳丽、变化丰富等特点。

（2）着色开始时可使用灰色或占整体空间面积较大颜色进行大面积着色，同时注意空间变化及色彩变化。

（3）处理暗部时同样可以选择留白处理，同时使用物体间的色彩反复原理，表现出丰富的色彩变化。

（4）在整体画面中注意笔触变化的多样性，可根据不同树质选择活泼的力度，但要注意画面的整体性。如到处是笔触，画面就会显得乱、脏。

（5）可利用马克笔中干涩的笔处理墙、棚等大面积部分。亮部等部分轻微的色彩变化，更可使画面层次丰富，如图4-62～图4-65所示。

图 4-62　客餐厅效果图（方圆）

图 4-63　书房效果图（戴子琪）

图 4-64　《墨韵御花园家居空间》马克笔（孙嘉伟）

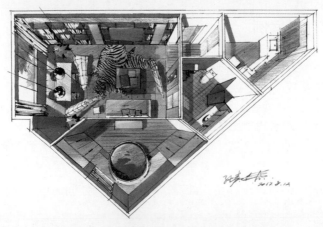

图 4-65　《墨韵御花园家居空间》马克笔（孙嘉伟）

　　马克笔卧室空间表现：卧室是人们休息睡眠的主要场所，有较强的私密性，既要满足主人的个性需求，还要满足主人的情感和心理需求。一般卧室可划分为睡眠区、梳妆阅读区、休闲交流区、衣物贮藏区等。表现时应采用统一和谐的色彩，以温馨柔和的暖色为主色调，营造出安静、温暖、祥和的空间氛围，如图 4-66～图 4-70 所示。

图 4-66　卧室效果图 1（卢芷莹）

图 4-67　卧室效果图 2（卢芷莹）

图 4-68　卧室效果图 3（李俊涛）

图 4-69　卧室效果图 4（许冬雨）

图 4-70　卧室效果图 5（林靖雯）

　　对于色彩，很多人一开始不知从哪里画起。对于这样的情况，可以先从你知道的物体固有色开始画（如木质是棕黄色的，玻璃是浅蓝色或重一点冷色的），但要遵行马克笔的上色特性，先从浅颜色画起，再用重颜色去盖（加重），如图 4-71、图 4-72 所示。

图 4-71　马克笔卧室表现 1（孙嘉伟）

图 4-72　马克笔卧室表现 2（孙嘉伟）

马克笔客厅空间表现：客厅功能区域比较多，但重点在于分清客厅空间的主次虚实关系。在绘图过程中，通过强调、取舍来表现出空间感，通过有色及光源色拉开空间冷暖。客厅是全家休闲娱乐、团聚接待、休息交流的场所；它能充分体现主人的涵养品位、兴趣爱好，是住宅空间活动集中、使用频率最高的空间。客厅的主要功能区域可划分为聚谈区、会客区、视听区三大区域。客厅的设计风格多样，有简约时尚浪漫的现代风，有优雅华丽高贵的复古风，有清爽朴素休闲的田园风等，在设计表现时要根据不同风格选择用笔、色彩、配饰、色调等，如图4-73～图4-77所示。

图4-73　客厅马克笔效果1（鲁江）

图4-74　客厅马克笔效果2（鲁江）

图4-75　客厅马克笔效果3（鲁江）

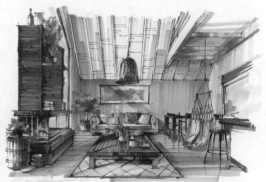

图4-76　客厅马克笔效果4（鲁江）

图4-77　客厅马克笔效果5（鲁江）

随着数字化电器设备越来越多，现代的客厅不像过去那样一家人守着电视其乐融融了，回家基本都是人手一机，即使看电视也只是看看新闻，手机完全满足了人们的娱乐需求，同时电脑也可以代替电视。因此，有些可以做一个纯粹的会客厅，与客人促膝而谈，如图 4-78、图 4-79 所示。

图 4-78 客厅线稿（孙嘉伟）

图 4-79 客厅马克笔效果图（孙嘉伟）

随着装修设计的进步，其实也可以看到各种各样的装修风格被人们所认同和采用，既然有人喜欢现代一点的风格，就一定有人喜欢古色古香的装修风格。说到比较古老的装修风格，新中式风格是将传统的中国元素通过提炼融合到现代人的生活环境中，符合现代人审美习惯的一种新型的装饰风格，这样的设计既能体现传统中国元素，又能表现出现代人对于古典文化的喜爱。新中式风格的家居环境设计应该是中国传统文化与现代生活需求相结合的表达。虽然现代许多人都追求西方的新型设计理念，但还是有许多人喜爱传统的中国元素，但是照搬传统的中式设计会让整体的设计略显古板、沉闷，所以为了迎合现代人对于现代化的设计，同时加上对于中国古典文化的喜爱，就创新地设计出了现代化的设计理念与传统的中国元素相结合的新中式装修，如图 4-80、图 4-81 所示。

图 4-80 新中式餐饮空间马克笔 1（孙嘉伟）

图 4-81　新中式餐饮空间马克笔 2（孙嘉伟）

　　马克笔餐厅空间案例表现：餐厅不仅是家人用餐和宴请的场所，更是家人团聚和情感交流的场所，是住宅中温馨、恬静的空间之一。餐厅可分为独立式、餐厅与客厅结合式、餐厅与厨房结合式三种形式。选择餐厅家具时要注意与室内整体设计风格协调，通过不同的样式和材质强化空间格调。在设计表现时要注意灯光对空间的影响，如图 4-82 所示。

图 4-82　新中式餐饮空间马克笔 3（孙嘉伟）

　　步骤一：根据创意平面画出空间透视线稿，利用部分投影强化空间主次关系，如图 4-83 所示。

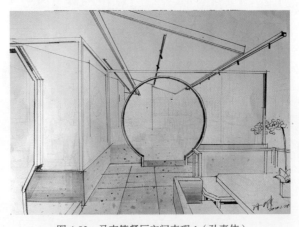

图 4-83　马克笔餐厅空间表现 1（孙嘉伟）

步骤二：根据餐厅暖色调氛围，用大色块画出主体的固有色及光影变化，如图4-84所示。

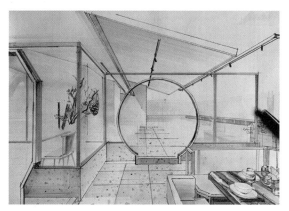

图4-84　马克笔餐厅空间表现2（孙嘉伟）

步骤三：继续以餐桌椅组合为中心扩大着色范围，注意物体之间的对比关系，如图4-85所示。

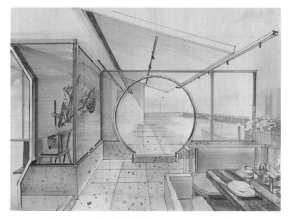

图4-85　马克笔餐厅空间表现3（孙嘉伟）

步骤四：完成远景及天花板的基本着色，对画面配饰深入刻画以增加画面气氛，如图4-86所示。

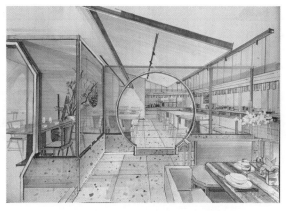

图4-86　马克笔餐厅空间表现4（孙嘉伟）

步骤五：最后调整画面的对比关系，深入完成主要物体的刻画丰富画面。用马克笔笔触平衡画面构图，适度留白让画面更有趣味性，如图 4-87 所示。

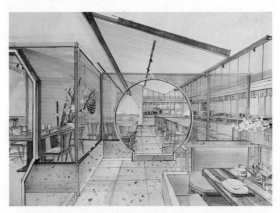

图 4-87　马克笔餐厅空间表现 5（孙嘉伟）

步骤六：完成并调整，如图 4-88 所示。

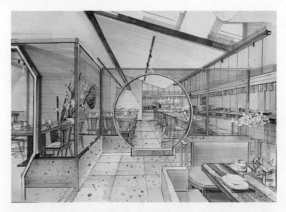

图 4-88　马克笔餐厅空间表现 6（孙嘉伟）

马克笔卫生间空间案例表现：卫生间是家庭生活中私密性最高的场所。现代卫生间集清洗、淋浴、休闲、保健于一体，在安静优美的环境中得到全身心的放松，如图 4-89～图 4-92 所示。

图 4-89　马克笔卫生间空间 1（图片来自网络）　　　　图 4-90　马克笔卫生间空间 2（图片来自网络）

图 4-91　马克笔卫生间空间 3（图片来自网络）　　　　图 4-92　马克笔卫生间空间 4（图片来自网络）

2.马克笔公共空间表现

　　经过一系列的手绘基础训练之后，就可以重点开始大量的徒手表现了。手绘表现是一个相对"庞大的工程"，需要做好大量的前期准备。从技术层面来说，需要解决物体的造型问题、线条的运用问题、空间的构架问题，其中最大的问题莫过于透视，这对于初学者来说是一只"拦路虎"，要结合前面章节再做大量的训练才可慢慢解决；从艺术层面来说，必须要解决设计上的问题、画面的处理问题……建议在开始做空间表现之前，大量地临摹一些完整的空间手绘作品，对空间手绘先有一个感性的认识后，再过渡到表现的创作阶段，不能急于求成，只有认真对待、用心揣摩后才会有所成。

　　以下是江西矿冶博物馆手绘案例。江西矿冶博物馆是江西唯一一座以江西矿冶史为主题的大型专题博物馆，它依山傍水，风景迷人。博物馆共分为三部分：前两部分设计师充分让建筑展现了江西金属矿业史成就和江西从商周至明朝期间创造的灿烂夺目的采、选、冶、铸的科技奇迹；第三部分为江西矿冶博物馆休闲区。步出展厅乃一回廊，凭栏而观，一个静雅古朴的庭院映入眼帘，庭院石径曲回，池清莲香，花木扶疏，鸟鸣鸢浮。仿古作坊、竖井井架，以及青铜大鼎，透出些许远古的气息，山石上镌刻的碑文记载了德兴先贤的荣光，游人徜徉其间，不禁大发思古之幽情。设计师用一种诗意的表述，唤醒人们对历史、对祖国家园、对荣光的追寻，满足情感的归附，如图 4-93～图 4-96 所示。

图 4-93　江西矿冶博物馆 1（章运）　　　　　　图 4-94　江西矿冶博物馆 2（章运）

图 4-95　江西矿冶博物馆 3（章运）

图 4-96　江西矿冶博物馆 4（章运）

3.马克笔建筑表现

马克笔建筑表现通常要理解建筑色调。建筑色调，通俗易懂地讲就是整个画面的基调，其中包括暖色调、冷色调、灰色调、艳色调等。绘图时要根据设计者的构思和意图，做认真的选择整理，并为此铺色、定调。并且要为建筑和环境的色彩在画面上建立一个相互有联系的体系，使其在变化中发生相互关联的脉络、在统一中制造彼此烘衬的效果，如图 4-97～图 4-109 所示。

图 4-97　马克笔表现建筑系列（孙嘉伟）

图 4-98　马克笔表现建筑 1（孙嘉伟）

图 4-99　马克笔表现建筑 2（孙嘉伟）

图 4-100　马克笔表现建筑 3（孙嘉伟）

图 4-101　马克笔表现建筑 4（孙嘉伟）

图 4-102　马克笔表现建筑 5（孙嘉伟）

图 4-103　马克笔表现建筑 6（孙嘉伟）

图 4-104　马克笔表现建筑 7（孙嘉伟）

图 4-105　马克笔表现建筑 8（孙嘉伟）

图 4-106　马克笔表现建筑 9（孙嘉伟）

图 4-107　马克笔表现建筑 10（孙嘉伟）

图 4-108　马克笔表现建筑 11（孙嘉伟）

图 4-109　马克笔表现建筑 12（孙嘉伟）

第三节　钢笔表现训练

　　钢笔画是普通钢笔或特制的金属笔灌注或蘸取墨水绘制成的画。钢笔画属于独立的画种，是一种具有独特美感且十分有趣的绘画形式。其特点是用笔果断肯定，线条刚劲流畅，黑白对比强烈，画面效果细密紧凑，对所画事物既能做精细入微的刻画，也能进行高度的艺术概括，肖像、静物、风景等题材均可表现。钢笔画又分为写实钢笔画、彩色钢笔画、钢笔淡彩画、设计类钢笔画等不同种类，笔尖有粗、细、扁、圆等多种，不同的笔尖可以产生不同的效果。钢笔画通过单色线条的变化和由线条的轻重疏密组成的灰白调子来表现物象。西方有许多精于钢笔画创作的画家，在中国则属新画种，尚处于发展当中。

一、写实钢笔画

　　写实钢笔画就是采用写实手法进行钢笔画的创作。这与以往经常所画的钢笔画有着本质上的不同，以往的钢笔画都有一种"工作"为另一种"工作"服务的迹象，它存在的性质似乎"永远"没有独立性，即使有的作品独立性较强，也摆脱不了"附属"的命运。写实钢笔画则不同，它是独立的，它的存在没有"附属性"，如图 4-110、图 4-111 所示。近些年来，从国内到国外，有很多人在研究钢笔画，所出的书籍种类也很多，大家都在"线"上寻找出路，似乎线的变化越丰富，就说明水平越高。厚厚的一本书，全是变化多端的"线"，就这样变来变去，一直变到现在。其实，钢笔画的创作道理很简单，没有哪个人会去注重每一笔形成的"线"，大家都知道要注意所表现的物体的质感，以及心灵深处的感觉。我们画钢笔画时，为什么不能像画油画一样去注意物体的质感，而忽略线的变化呢？只要"客观"地表达出对事物的感受，那么就一定会创作出相对完善完美的作品。国内老一代钢笔画画家有很多，基本上作品也偏向于写实，如浙江湖州的徐亚华，其作品和技法在业内被广为传播和借鉴，如图 4-112、图 4-113 所示。

图 4-110　写实钢笔画 1（图片来自网络）　　　图 4-111　写实钢笔画 2（图片来自网络）

图 4-112　写实钢笔画 3（徐亚华）　　　图 4-113　写实钢笔画 4（徐亚华）

二、钢笔淡彩

钢笔淡彩在传统意义上指的是在有钢笔线条的底稿上，施以水彩的一种画法。如今钢笔淡彩的范围已经被大大地拓展开了，对于这个"彩"可以有很多理解，它可以是彩铅，可以是水粉，可以是马克笔，也可以是油画棒，只要是能在钢笔线条的底稿上和谐地运用色彩的丰富和微妙来表现物体的立体感、空间层次感，能充分营造画面氛围的方式，就都应尝试。一般来说，钢笔淡彩以钢笔线条为主要造型手段，辅以色彩来烘托画面气氛。它是线条与色彩结合的完美再现，也是绘画艺术中特殊的形式语言，它的作用远远超越塑造物体的要求，成为表达画家思想、感情、意念的重要手段。钢笔淡彩是通过节奏、韵律、动势、力度等来表现情感的，如图 4-114～图 4-118 所示。

图 4-114　钢笔淡彩 1（唐亮）

图 4-115　钢笔淡彩 2（唐亮）

图 4-116　钢笔淡彩 3（图片来自网络）

图 4-117　钢笔淡彩 4（傅瑜芳）

图 4-118　钢笔淡彩 5（傅瑜芳）

三、彩色钢笔画

彩色钢笔画是单纯用金属质笔端画具（非塑料芯针管笔、鸭嘴笔、沾水笔、自来水钢笔等）和墨水（含各种墨水及自制墨水）在不同画材（纸张等）上绘制的钢笔画。其前提是不应以牺牲钢笔画的特质为代价，不能因其他介质的加入而改变或弱化了钢笔画的特质。其技法原理与我们平常见到的钢笔淡彩、毛笔水彩或彩色铅笔画有着本质区别，如图 4-119～图 4-122 所示。

图 4-119　彩色钢笔画 1（唐亮）

图 4-120　彩色钢笔画 2（唐亮）

图 4-121　彩色钢笔画 3（唐亮）

图 4-122　彩色钢笔画 4（唐亮）

四、钢笔插画

钢笔插画一般附在书报杂志中，与正文配合印在一起，也可以用插页形式单独排印，对正文内容作形象说明或艺术欣赏。各类书刊如文学、科技、儿童读物等的插画力求图文并茂，插画为配合文字而作，因内容不同而形式各异。一般所说的插画主要还是指文学作品中的艺术插图，一般来说，画家可根据文意进行再创作。插画在绘画意义上往往有依附性，但在艺术价值上仍具有独立性。如日本艺术家池田学（IKEDA Manabu）的手绘插画作品，如图 4-123、图 4-124 所示。

图 4-123　池田学《钢笔插画》　　　　图 4-124　池田学《钢笔插画》

五、钢笔速写

钢笔速写在众多画种里一直是一种很有趣的存在，它能够带给人畅快淋漓的绘画感受，并且是设计类各专业必修的手绘基础课。学生以钢笔速写作为设计表现图的入门训练；设计师在助理面前以钢笔快速勾勒出心里的想法进行创作以便开展下一步的工作，更快与顾客达成一致；业余爱好者以钢笔速写作为怡情养性的方式。另外，钢笔速写一般是茶余饭后、闲暇之余拿个速写本，用钢笔记录一些人和事的速写。对于画画人来说，所谓"曲不离口，拳不离手"，一旦把这样的"茶余饭后"的习惯养成，将会受益终身。以下是设计师笔下的钢笔线条作品，如图 4-125、图 4-126 所示。

图 4-125　钢笔速写（图片来自网络）　　　　图 4-126　钢笔速写（图片来自网络）

（一）钢笔线条的基础表现

用线条去表现物体的肌理质感和性格特征：线条方正顿挫——刚硬物体；线条轻柔委婉——飘逸飞扬的物态。线条的合理组织和穿插对比，是表现物体基本属性和画面结构的重要手法。所以，线条的粗细、长短、节奏、韵律、疏密对画面布局、结构有很大影响。钢笔画中的线条也表达了画者的心灵感受，对它的运用是提高绘画水平的必要条件，如图4-127所示。

线条表现也有讲究，归纳起来有以下几点。

①用线要连贯；忌断、顿挫。

②用线要肯定，有力度；忌深、柔弱。

③用线要生动，有变化；忌死板。

④用线要有力度，结实；忌轻飘。

⑤用线要刚柔并济，虚实相间，有节奏，抑扬顿挫。

图4-127　线条钢笔画（鲁江）

1.线条的疏密组织

线条在钢笔画中的运用和掌握，是其他用任何表现方式和不同风格的学习者都要掌握的。线条的疏密组织不容忽视，它的运用具有独特的形式感和艺术价值，如图4-128所示。

图4-128　线条疏密组织（鲁江）

2.徒手线条练习的基本姿势（见图4-129）

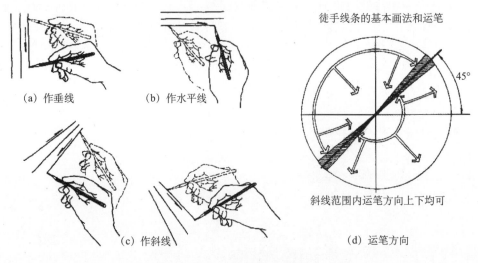

(a) 作垂线　　　　(b) 作水平线

徒手线条的基本画法和运笔

45°

斜线范围内运笔方向上下均可

(c) 作斜线　　　　(d) 运笔方向

图4-129　徒手线条基本姿势

3.线条的排列与组织

　　常用线条的排列一般是用形式的笔触去表现画面的色度与明暗块面的关系。其中笔触是指最基本的点线走向及点线组合所构成的基本单元。运笔排线的轻、重、缓、急对笔触运动的曲、直、动、静等都有一定的影响；笔调的变化规律演绎着各种情调。最基本的线条组合：从短线到长线产生6种笔触，有6种不同效果。短线——快速有力；线条愈长——速度趋于缓慢，如图4-130所示。

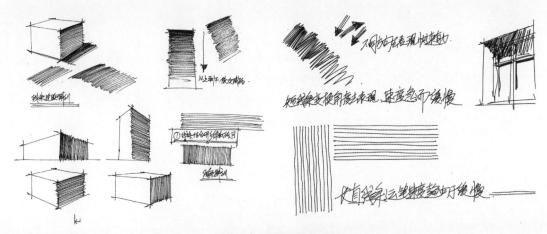

图4-130　线条排列与组织

（二）钢笔画综合表现技法

1.色调的变化

在钢笔画的综合表现技法中，你会发现任何一种线条排列都能形成色调和明度的变化。钢笔画的体面、光线、质感、空间都离不开色调和明度的变化，合理应用这种排线去组织具有明暗渐变、空间深度的素描效果是钢笔画的重要表现，如图 4-131 所示。

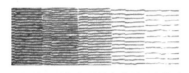

用不同间距和粗细的线条表现明暗差别

用自由曲线的笔触表现明暗逐渐变化

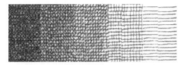

用交叉线表现渐变的明暗层次

用自由曲线的笔触表现明暗逐渐变化

用曲线表现明暗层次变化

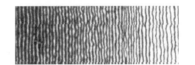

用直线的粗细表现明暗逐渐变化

图 4-131　线条色调变化

2.线面结合的形式

在钢笔画综合表现中，线面结合的形式也是一种常见的表现形式，如图 4-132～图 4-134 所示。

图 4-132　线面结合钢笔画（图片来自网络）

图 4-133　线面结合钢笔画（鲁江）

图 4-134　线面结合钢笔画（李曌凡）

3.肌理质感的表现

用不同线条形成变化，创造不同的肌理效果，达到刻画物体表面性格与状态的目的，这些变化如不规则波纹状→木材的纹理点的使用→物体质地细腻，表面柔和过渡规则波纹状→有序的刻纹效果，如图 4-135、图 4-136 所示。

图 4-135　肌理质感钢笔画（图片来自网络）

图 4-136　肌理质感钢笔画（图片来自网络）

4.点与黑白块面的运用

点是物体在空间中的一种状态，在线的基础上用大小、轻重、疏密不同的点补充，增强表现力，如草地、水面、远山、水泥建筑等，点的运用不可缺少。黑白块面的运用可以增强黑白对比和物体体积感，加强层次、湿度、立体感，突出主题，如图 4-137、图 4-138 所示。

图 4-137　点的表现钢笔画（图片来自网络）

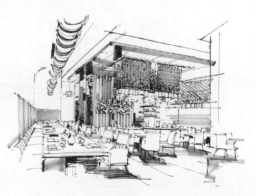

图 4-138　点的表现钢笔画（图片来自网络）

5.钢笔和马克笔、水彩的综合表现技法（见图4-139～图4-142）

图 4-139　钢笔马克笔表现 1（图片来自网络）

图 4-140　钢笔马克笔表现 2（图片来自网络）

图 4-141　钢笔马克笔表现 3（图片来自网络）　　图 4-142　钢笔马克笔表现 4（图片来自网络）

（三）钢笔画形式处理原则

1.空间

空间本来是物体的一种形式。所谓画面的空间感，就是在画面上借助透视变形、位置重叠及明暗虚实等表达方式造成的一种纵深感。黑白灰色调在表现纵深中的运用——表现景物远近的空间距离，产生透视纵深感。以画树为例，从画面的整体来分析近、中、远三个层次。画面中多个色阶叠加，会使画面中的景物或物体产生前后重叠的感觉，形成近、中、远的层次感，产生画面纵深感。通常情况下，前景的色阶深，对比强；远景色阶浅，对比弱。不同色阶的前后叠加可以产生空间感，以下画面中山的前后关系、山与水和树的前后关系，就是通过不同色阶的差异表现出来的，如图 4-143～图 4-145 所示。

图 4-143　钢笔画空间形式 1（图片来自网络）

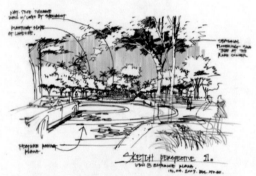

图 4-144　钢笔画空间形式 2（图片来自网络）　　　　图 4-145　钢笔画空间形式 3（图片来自网络）

　　近景——层次对比强烈，最重黑色调和最亮白色调都在这个部位。中景——比近景淡，须舍去许多细节描绘，侧重成片地用灰色调。远景——最淡、最虚，通常用破碎的外轮廓线或更浅的灰色调去表现。具体要看画面的主体在什么位置，并非最重调子都在前景，如图 4-146、图 4-147 展示。

图 4-146　钢笔画近景形式 1（图片来自网络）　　　　图 4-147　钢笔画近景形式 2（图片来自网络）

2.线性透视产生空间感

　　线性透视产生空间感，近大远小的透视关系也会产生空间纵深感。用线的方向表现空间深度，如用地面的倾斜线暗示阳光投射方向。线描用线来界定画面的形象与结构，是一种高度概括的抽象手法，如图4-148、图4-149所示。

图4-148　钢笔画线性形式1（图片来自网络）　　　　图4-149　钢笔画线性形式2（图片来自网络）

3.明暗调子式

　　明暗画法中画面较清晰的物体是通过对比呈现出来的，对比越强烈，物体越清晰。明暗对比较弱的部位，表现局部融入环境的效果，以增强画面空间的纵深。从画面整体而言，白色区域过多——画面显得单调、缺乏力度；灰色调过多——画面缺乏深度、流于平板，空间层次拉不开；暗色调过多——画面沉重、不透气。明暗调子的表现容易画出物体的体积感，一切物体都具有高度、宽度，即物体所占据的三度空间，也就是它本身的体积范围。绘画时可以通过表现物体的黑、白、灰的比例关系和过渡来体现体积感。黑、白、灰过渡通过线条排列的疏密或者叠加关系来表现。将物体的形体进行简化，在光线的照射下，会产生清晰的明暗交界线，形成受光面和背光面，即亮面和暗面；通过这种简单的明暗变化，就可以轻易地捕捉到物体的形态关系，如图4-150、图4-151所示。

图4-150　钢笔画明暗形式1（图片来自网络）　　　　图4-151　钢笔画明暗形式2（图片来自网络）

　　在环境的影响下，物体会形成黑、白、灰三个最基本的体积面，在一个环境中的单个物体会产生这样的三个基本部分，各物体的质感与所处的环境不同，形成黑、白、灰的强弱和比例也不同，如图4-152、图4-153所示。

图 4-152　钢笔画明暗形式 3（图片来自网络）

图 4-153　钢笔画明暗形式 4（图片来自网络）

（四）空间精细钢笔线稿表现

在空间室内设计表现中，黑白线稿表现对最终表现效果起到非常关键的作用。一张优秀的钢笔线稿会让上色阶段更简单快速、有效。线稿形式根据对比关系可分为结构对比、光影对比、材质对比。主要以线的白描、排列、叠加组合，以不同线性、疏密程度来表现黑白灰关系，如图 4-154、图 4-155 所示。

学习要点：

（1）通过合理的线条排列形成具有体块、质感、光影的黑白灰明度变化、画面明暗变化，空间虚实明确。该重的地方重（如暗面，投影），该留白的地方留白，让画面形成强烈的黑白灰关系。

（2）虚实关系能强化空间感，所以在透视图中，远景一般少刻画或不刻画，中景或主要表现对象要相对刻画得精细，近景刻画要对比强烈些。

（3）根据不同材质、光影及画面需要，利用不同线条形成变化，绘出不同肌理效果。如用点表现质地细腻的材质，平等线表现光滑坚硬的材质，平滑折线表现木纹等。

图 4-154　空间精细钢笔线稿表现 1（图片来自网络）

图 4-155　空间精细钢笔线稿表现 2（图片来自网络）

（五）室内快速表现钢笔画

室内快速表现钢笔画如图 4-156～图 4-159 所示。

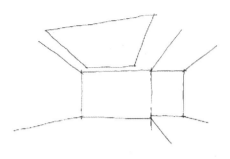

图 4-156 室内快速表现钢笔画 1

图 4-157 室内快速表现钢笔画 2

图 4-158 室内快速表现钢笔画 3

图 4-159 室内快速表现钢笔画 4

第四节 水彩效果表现训练

一、工具介绍

"水彩画"，顾名思义，就是以水为媒介调和颜料作画的表现方式，是一种具有传统特色的高级手绘形式，简称"水彩"，源自西方。由于色彩透明，一层颜色覆盖另一层可以产生特殊的效果，但调和颜色过多或者覆盖过多会使颜色脏腻。由于水干燥得快，所以水彩画不适宜制作大幅作品，适合制作风景等清晰、明快的小幅画作。

在国外，水彩画广泛应用于建筑、环境等设计行业的手绘领域，处于主流地位。目前，国内设计师对水彩在手工绘画方面的表现也越来越多。水彩画的特征有两个：一是画面大多具有通透的视觉感觉；二是绘画过程中水的流动性，由此造成了水彩画不同于其他画种的外表风格和创作技法。颜料的透明性使得水彩画产生一种明澈的表面效果，而水的流动性会生成酣畅淋漓、自然洒脱的意趣。

水彩工具主要分两大类：一是水彩基础工具，主要分为水彩纸、颜料、针管笔、橡皮等；二是水彩辅助工具，主要是调色盘、海绵、留白液、盐、纸巾、砂纸、棉球等。以下就主要水彩画工具做简单介绍。

（一）水彩纸

1.彩纸种类

水彩纸种类也有很多种，如冷压水彩纸，水彩纸的表面颗粒有粗细之分，选择哪一种取决于艺术家的个人习惯、画面内容和画幅尺度等因素。另外，价格便宜的水彩纸相对而言其吸水性较差一些；昂贵的水彩纸能相当久地保存色泽。根据成分来分，水彩纸有木浆纸、棉浆纸、棉木混合纸。根据表面纹理来分，则有粗纹、细纹、中粗纹几种。根据制造方式来分，又分为手工纸（最为昂贵）和机器制造纸。除了水彩纸的种类，还要考虑水彩纸的克数，水彩纸的克重指每平方米水彩纸的重量，一般来说，克重越大水彩纸越厚。越厚的水彩纸越不易皱，也越吃色。一般规格有300g、240g、200g、180g、160g、150g。另外，水彩纸可以单张、成卷地购买，这样就可以裁剪成各种想要的尺寸。水彩本有翻页本和四面封胶本，四面封胶本虽贵，但可不裱纸即可画画。总体上来说，棉浆纸吸水性好，上色可涂匀，纸面干燥速度缓慢，吸色比较好，可以反复上色和刻画。木浆纸吸水性差，上色时不易涂匀，干燥速度较快，容易出现水痕，容易浮色，易擦洗（这个特点使得在木浆纸上可以制作水彩的某些特殊肌理，比如湿画法的某些混色、某些水渍特效，还有水彩特有的水痕等）。另外，木浆纸通常比较光滑，光滑也赋予木浆纸一些特点：易擦洗、显色稍差、涂颜色怎么也涂不匀，不太适合表现深暗的颜色、不适合薄涂技法。但相比棉浆纸，木浆纸要更加便宜，是较适合用于练手的水彩纸。

2.水彩纸品牌

国内和国外都有水彩纸品牌。设计师、画家常用的有法国的康颂（Canson），康颂包括巴比松（Barbizon）、阿诗（Arches）、梦法尔（Montval）、枫丹叶（Fontenay）等几个系列；英国"圣乔拨"制纸厂的山度士获多福（Waterford）和博更福（Bockingford）；意大利的法比安诺（Fabriano）等。国产纸常用的有保定水彩纸和保虹水彩纸等，如图4-160所示。

图 4-160　各类水彩纸

初学者最好还是选择康颂水彩纸和康颂水彩本，它有很多个系列，常见的有巴比松、梦法尔，价格适中，晕染效果比较好，用途广泛，这些都属于木浆纸。表面上看起来颜色比较白，纸质坚韧、光滑。吸水性差，上色时不易涂匀，干燥速度较快，容易出现水痕，容易浮色，易擦洗。纹理：正面粗纹直纹，反面热压细纹。厚度：200g /m²，240g /m²，300g /m²

等。规格有线圈本、封胶本和平张散纸，还有一种水溶彩铅本（10.5 cm×15.5 cm，300g）等。但木浆纸可以说用途广泛，硬的如铜版纸，松软的如卫生纸，都是木浆一类，价格相对低廉。但木浆纸中也有强者，"博更福"这个牌子的木浆纸吸附颜色的能力很强，平涂相对比较匀称，因此晕染效果比较好。另外，水彩界的另一大主流纸张是棉浆纸。顾名思义，纸浆的材料是棉花，而且工艺比较复杂。棉浆纸吸水能力很强，由于它的纤维纤细程度和结构，能有效地吸附颜料，不会出现像木浆纸一样挂不住颜色的情况。木浆纸的缺陷就是棉浆纸的优势。我们在用棉浆纸画画时，颜料吸附在上面，只要不用力摩擦，上色时相对掉色比较少，且每一笔颜色基本都能够被忠实地记录下来，色彩层次丰富得令人感动，能够制造出非常湿润的中间色、对比色。但棉浆纸的成本很高，工艺较为复杂，所以要比木浆纸贵上一个层次。棉浆纸也有好差之分，例如，著名的拉娜，旗下有一种低端棉浆纸，干燥速度非常快，新手画的话容易顾头不顾尾。棉浆纸的大品牌有阿诗、获多福、法比亚诺、枫丹叶等。

（二）水彩颜料

水彩颜料是由颜料、黏合剂和不同的添加剂制成的，这些成分的数量和质量决定了水彩颜料的质量。那些比较便宜的水彩颜料是用其他填料制成的，而非真正的颜料，看起来不透明和粉质化。大家熟悉的水彩颜料品牌有温莎牛顿、史明克、申内利尔等。水彩颜料分为固体水彩和管状液体水彩，固体水彩适合初学者，因为容易携带和容易使用，且通常会自带调色盘，非常方便。而管状液体水彩存放于管中，对于初学者而言很难判断自己到底需要多少颜料，初学者很容易像使用丙烯颜料一样用水彩颜料，这样更容易浪费。但管状液体水彩一般比较干净，分量更大，如图 4-161 所示。

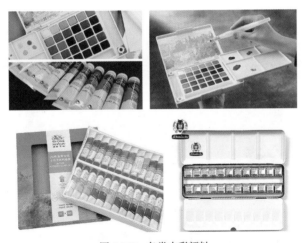

图 4-161　各类水彩颜料

（三）水彩笔

用于水彩画的毛笔也分国产的和进口的。一般国产毛笔价格适中，笔锋软硬适中，聚峰效果好，用一支毛笔可以大面积涂色，也可以用笔尖刻画细节。很多时候可以用一支毛笔从头到尾画完一幅水彩画。国产毛笔分为狼毫、羊毫毛笔；狼毫毛笔偏硬，容易掌握水分，适合初学者；羊毫毛笔偏软，需水量较大，如大面积涂色时可以使用。水彩画对笔的要求没那么高，常见的水彩毛笔分为尖头、圆头、扁头等好几种，个人感觉圆头已经足够了，铺大色块的时候可以用扁头。另外，还有灌水笔（湿画法用），勾线笔或针管笔勾线用，如图 4-162 所示。

图 4-162　各类水彩笔

（四）留白液

留白液，学名水彩留白胶。在水彩画中留白时可用到留白液，是水彩工具不可或缺的一部分，例如，画星空、人物的眼睛时都能用到。在使用时有一点需要注意，如果用画笔沾留白液，一定要在手边放一个清水桶，画几笔涮一下笔，否则留白液很快就会凝固，笔就废掉了，所以建议用快废掉的笔或者尼龙头方便洗的笔，或者用蘸水钢笔，这也是一个很好的选择，就不用担心笔头的问题了，如图 4-163 所示。使用技巧及特点如下。

（1）直接留白：操作简便，不打草稿直接在作画时留出空白区域，白色的轮廓更能给人明亮的印象。

（2）溶解法：水彩画的溶解技法的原理是溶解已干颜料的同时描出形状。底层涂上浓厚的颜料，在底层颜料上面继续重叠不同的色彩，这种底层颜料被溶解掉的同时，会形成复杂的色彩效果。

（3）蜡留白：由于蜡具有不透水性，所以在进行水彩画留白技法操作的时候，也可以使用蜡笔或者蜡烛等蜡制品替代留白胶。

图 4-163　留白液

（五）调色盘

用来混色或调色，加入水即可调色。调色盘是画家创作时的起跳板，调色盘的产生时间很难确定，但作为水彩画的必备工具，它能代表画家的个性和工作精神，如图 4-164 所示。

图 4-164　调色盘

（六）其他辅助工具

纸巾、海绵用来吸水，擦拭吸取多余水分，还有彩铅等用来画水彩中的一些细节部分。

二、水彩表现技术特点

水彩是一种比较透明的水溶性颜料，其性能需要足够的水，虽然要求很简单，但很多初学者总缺乏魄力，底子太薄。要知道水是水彩画技术的主要特征和媒介，必须大胆运用。在最初的着色中，通常在笔的顶端有少量颜料，然后被大量的水稀释和调和。水彩画更透明、更协调，但色彩的调和不是混合在色彩中，而是利用水来进行扩散和融合的，这是水彩的一个重要的技术特征。当一块颜色被涂上时，颜色会被添加到其他颜色中，并且颜色会根据水的量而相应地扩散，表现出自然的和隐式的融合效果。该技术可以区分颜色的湿度，并且背景湿度越大，附加颜色的面积就越大。应该根据实际情况掌握这种颜色的相互渗透关系，有时候即使底色干燥，也可加上额外的颜色以显示轻微的扩散效果。水迹的应用是水彩画的另一个非常重要的特征技术。水迹的影响可以反映清晰的边缘痕迹。水迹技术非常简单，只要水的颜色沉积在纸上，效果就会出现得比较自然，更多的水迹就会更加明显。因此，在施加水迹的效果时，我们应该特意使水形成一个大的水滴状态，只要耐心等待它，被纸自然吸收，就自然会留下水迹的影响。当然，这个水印效果需要一段时间来实现，如图 4-165、图 4-166 所示。

图 4-165　水彩小景 1（傅瑜芳）　　　　　　图 4-166　水彩小景 2（傅瑜芳）

水彩画的快速着色技术强调了虚拟与真实相结合的效果。颜色的自然扩散着色技术是"虚拟"的效果，而水迹的应用技术是图片中的"真实"成分，两者应相互结合使用。例如，对于树冠、水面、绿地等大面积的表现内容，通常先用大量的水铺上去，再加上适当的附加颜色来利用色彩扩散的性能，然后再对水迹进行轮廓修剪或局部点缀。在实际表现中，"缺水"是水彩的主要影响效果之一。因此，自然融合是水彩画中的主要技术。事实上，降水是水彩画表达的特殊效果，这应该归功于水彩画颜料的特性。有时大量的粒子会出现在大面积的颜色中，这是颜料本身的沉淀。虽然这种沉淀不是一种纯技术，但各种颜色的水彩颜料的沉淀是不同的，如图4-167、图4-168所示。

图 4-167　水彩小景 3（傅瑜芳）　　　　图 4-168　水彩小景 4（傅瑜芳）

水彩画的快速着色也按顺序排列。具体步骤是：首先进行整体处理，进行大面积着色，为画面设置整体色调和色彩、亮度关系。在这一层面上水更丰富，整体效果较轻。其次是加强水彩"表情"。在颜色层次上，塑造体形、有色部分的大体面关系，它主要集中在画面的黑暗部分，此时水可以略微减少。最后，加深和部分点缀，要注意的是它不是纯粹的细节描画。其主要目的是打开亮度对比的关系，表达空间和距离的影响。这是对整体的处理，是恰到好处的，不仅仅体现在一定程度上；它也是水彩画快速表达的主要特点和难点。水彩画的快速表现不追求丰富的层次效果，也不是为了进行精细的处理，其难点主要在于掌握和控制简化处理，如图4-169、图4-170所示。

图 4-169　水彩小景 5（傅瑜芳）　　　　图 4-170　水彩小景 6（傅瑜芳）

水彩表现效果具有色彩变化丰富细腻、轻快透明、易于营造光感层次和氛围渲染等优势。水彩技法简单易学，绘制便捷快速，尤其适宜与其他工具材料的结合使用。作为一种设计表现形式，水彩快速表现明显有别于水彩绘画艺术，它只是借助水彩颜料和部分水彩画技法表达与传递设计理念，其本源目的仍然是设计思想的理性表达，侧重于空间结构与材质的表现，而不完全是水彩绘画艺术侧重的感性艺术欣赏。所以水彩表现并不一定要求严谨深入地探究纯艺术水彩绘画的概念性和学术性；尤其在实际表现过程中，钢笔、彩色铅笔甚至马克笔等工具材料的结合使用，越发淡化了纯粹水彩画的概念，使其成为独具特色的"水彩设计表现图"，如图4-171、图4-172所示。

图4-171 水彩花卉1（傅瑜芳）

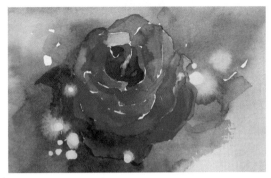

图4-172 水彩花卉2（傅瑜芳）

在绘制水彩之前我们要先了解一些色彩关系。在配色时会用到对比色、互补色、同类色，在色盘上180°相对的两个颜色为对比色，在120°区域的两个颜色为互补色，60°之内的两个颜色为同类色。在色相上分为冷色系和暖色系，色盘上左边为暖色、右边为冷色。三原色为红、黄、蓝三色，这三种颜色可以互相搭配混合出色盘上其他的颜色，但它们是不能被混合出来的色相。下面介绍几种水彩调色方法，如图4-173、图4-174所示。

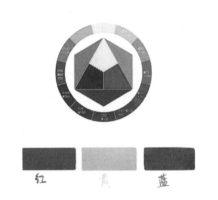

图4-173 三原色

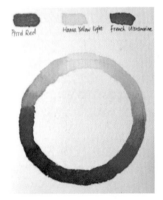

图4-174 十二色相环

（一）冷暖色调配色

暖色调，指给人以温暖的感觉的色调，三大主色是红、黄、橙，给人以积极、兴奋、热烈的感觉，如图4-175所示。

冷色调，指给人以平静的感觉的色调，三大主色是绿、蓝、紫，给人以安宁、冷寂、沉稳镇静的感觉，如图4-175所示。

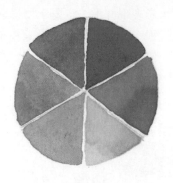

图 4-175　冷暖色调配色

（二）同色系搭配

同色系搭配就是由一种主色调衍生出多种类似色的色调，将主色调与衍生色调结合统一在一个画面中。单种颜色之间常称为同类色。同色系常用于一些色调凌乱的、画面不统一的画面，能够协调画面。在画面不同区域使用同一种颜色时要注意色块形状。

下面列举几种同色系搭配。

1.清新同色系搭配

清新色调给人以明亮、清丽、舒爽的感觉。绿色和蓝色是清新色调的代表色，如图 4-176 所示。

图 4-176　同色系搭配

2.淡雅同色系搭配

淡雅色调的感觉是素净、雅致、安宁，主要是纯度很低、明度较高而集合的色彩，如图 4-177 所示。

图 4-177　淡雅同色系搭配

3.梦幻同色系搭配

梦幻色调，顾名思义，给人的感觉是梦幻、公主风、可爱，颜色偏向粉红，由粉红衍生出其他的颜色，如图 4-178 所示。

图 4-178　梦幻同色系搭配

4.怀旧同色系搭配

怀旧色调给人以文艺、复古、温暖，主要以褐色系为代表色调，如图 4-179 所示。

图 4-179　怀旧同色系搭配

（三）互补色搭配

互补色在绘画技法中扮演着重要角色。互补色加强了作品的暖调效果，增强了画面透视效果，丰富了画面内容，最基本的三对互补色，如图 4-180 所示。

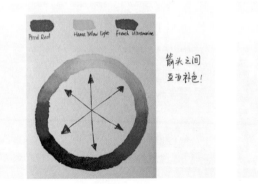
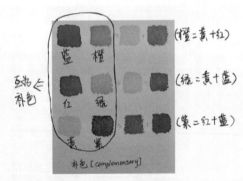

图 4-180　互补色搭配

水彩画表现的禁忌是"脏"，这是很容易出现的。虽然水彩颜料与水粉颜料不同，但如果含水率太小，则会有一定的厚度和较强的覆盖率。这种过于浓密的颜色会被"翻"在后一层的颜色上，像"泥"，这是"脏"的颜色感觉的原因之一，所以水彩画的表现需要有尽可能多的水来使颜料变"瘦"。此外，太多的颜色调和也容易"脏"。在水彩画的快速表达中，通常有两种或三种颜色相互混合，在主次之间有明显的区别。在着色过程中，不提倡使用过多的色彩调和，特别要注意一些较深的颜色，如深绿色、蓝色、熟棕色等，尽量不要使用黑色，这些颜色很容易与其他颜色产生不协调的"脏"。

　　"空白"是水彩画表现的一个非常重要的技术效果，它不同于马克笔的空白。水彩画中形状是空白的如篱笆、窗框、高光等，所有这些都应该在着色中省去，而不是在最后使用白色粉末着色，因此，水彩颜料中的白色往往不被使用。在快速的表现中，内容本身的一些颜色是很轻的，可以归结为白色，用白色的方式来处理。

　　以下是水彩室内外作品，如图 4-181～图 4-189 所示。

图 4-181　水彩室内效果（孙嘉伟）

图 4-182　水彩室外效果 1（傅瑜芳）

图 4-183　水彩室外效果 2（蔡艳华）

图 4-184　水彩室外效果 3（傅瑜芳）　　图 4-185　水彩室外效果 4（傅瑜芳）

图 4-186　水彩室外效果 5（傅瑜芳）

图 4-187　水彩室外效果 6（傅瑜芳）

图 4-188　水彩室外效果 7（傅瑜芳）

图 4-189　水彩室外效果 8（傅瑜芳）

第五节　综合技法表现训练

一、iPad板绘表现

综合技法表现工具包括彩色纸、墨水、水彩颜料、彩色笔、彩色粉笔和各种刷子。水彩颜料和彩色铅笔经常组合使用。另外，也有用现代先进软件手绘——iPad 手绘技术，来完成相应的作品，如图 4-190～图 4-194 所示。

图 4-190　板绘表现室内效果 1（沈智源）

图 4-191　板绘表现室内效果 2（沈智源）

图 4-192　板绘表现室内效果 3（沈智源）

图 4-193　板绘表现室外效果 1（孙涛）

图 4-194　板绘表现室外效果 2（孙涛）

通过以上介绍，我们可以对这些色彩形式做一个总体分类：彩色笔和马克笔属于"硬笔表达"；水彩和水粉属于"软笔表达"。在独立色彩的前提下，了解各自的技术特点，在实际表现中彼此搭配，这样才能更好地发挥各自的优势，遮蔽对方的缺陷，使画面效果更加和谐，如图 4-195 所示。

图 4-195　室内马克笔水墨彩铅（孙嘉伟）

对它们的组合没有绝对的限制，但搭配使用必须有一个主要和次要的定位。我们谈论的两种搭配形式是基于主次关系的明确关系。水彩和彩色铅是水彩画和色彩引导的主要形式。水彩作为一个大面积的铺垫工具，不需要刻画深度，明度关系和一些细节都是由彩色铅主导处理的。水彩柔和，彩色铅笔清晰。这种明显的对比是两者结合的主要效果。同时，它们的浪漫自由的共同作用得到了融合和升华。应该注意的是，在这种搭配中彩色铅的比例很小，强调点缀和修饰的效果。因为彩色铅的影响非常明显。如果彩色铅过多，会大大削弱水彩对视觉效果的影响。虽然彩色铅的成分较少，但彩色铅的直接影响大于水彩的影响，因此保持彩色铅是一个重点和难点。

水彩和马克笔（水）在颜料性质上有许多相似之处，因此它们非常适合搭配。水彩也采用底色铺面，画面比例较大，马克笔负责打开明度对比和层次关系。同时，它是画面整体效果的主要决定因素，但比例相对较小。两者的搭配需要注意一个特殊的问题：水的颜色本身是美丽的，而笔的颜色是固定的，两者不能"互相竞争"。因此，作为补充协调，马克笔应该使用灰色系的颜色，尽量不要使用明亮的颜色。更应该清楚的是，重灰色的组成应该用马克笔来完成，而光和亮的成分将留给水彩。提高彩色原稿性能的步骤有：一是临摹一些优秀的手绘作品；二是将图片变成手绘图；三是制作手绘作品，形成自己的风格。

二、彩铅＋马克笔——住宅

（1）在彩铅＋马克笔设计表现图中，两者的具体使用方法与之前介绍的一致。只是在表现过程中利用两者结合表现，更体现表现图的画面丰富、材质细腻等特点，它也是当今表现手法中使用较多的一种。

（2）通常在使用中，两者其一为主要表现手法，在表现过渡色彩中利用彩铅的细腻调子体现细节变化。在墙、棚等大面积材质中，要更多地利用两者相结合的手法，使画面材质对比明确清楚。

（3）在学生学习过程中，一般对彩铅的刻画能力较熟练，细节表现精致，更能烘托整体精致程度，如图 4-196～图 4-200 所示。

图 4-196　室内·马克笔水墨彩铅 1（孙嘉伟）

图 4-197　室内·马克笔水墨彩铅 2（孙嘉伟）

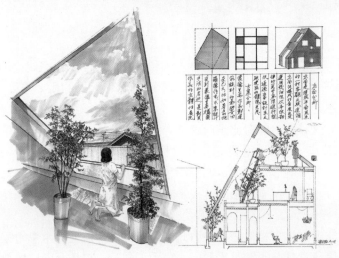

图 4-198　蒙布兰克住宅 1（孙嘉伟）

图 4-199　蒙布兰克住宅 2（孙嘉伟）

图 4-200　蒙布兰克住宅 3（孙嘉伟）

实践作业

一、课堂练习（40分钟）

根据资料图片（或者自己去收集），A4 纸画一点或两点透视室内家具陈设框架黑白稿 2 张。

二、课外练习

1. 线下熟悉练习两点透视框架图。

2. 选择一张所画的家具陈设黑白稿上色，补充一张室外或室内或景观小品的马克笔上色习作。

第五章　创作表现技法训练

本阶段教学引导	
教学目标	通过本章的学习，了解并掌握软装设计手绘表现元素，包括家具、布艺配饰、绿植花艺、灯具软装、陈设工艺品、地毯、抱枕等软装元素的手绘表达；软装风格手绘表现，包括中式风格、欧式风格、现代风格、田园风格、日式风格、地中海风格等手绘表现。
教学方法	运用多媒体教学手段，并通过图片、PPT课件、视频及微课来讲解分析和辅助教学；帮助学生了解设计思维及表达概念，熟悉手绘功能及特点等。
教学重点	本阶段的重点内容是掌握软装设计手绘表现元素的手绘表达和对软装设计各种风格的手绘表达，并对室内外空间界面设计、空间色彩设计、空间形式美设计原则的掌握，培养学生分析、思考和设计能力。
作业要求	在本阶段的学习中，通过课内习作练习，课外完成A4大小室内空间软装陈设效果图（马克笔）2张，并根据所学课程知识点，完成1张体现自己喜欢的某种风格的钢笔淡彩或水彩表现室内效果图。

第一节　软装设计手绘表现元素

一、软装家具

软装家具元素手绘表现主要的学习要点是利用不同的色彩配色及技法来表达各类软装家具陈设的材质及光影变化。学习目的是熟练掌握色彩的造型技巧，通过大量的陈设训练，了解不同风格软装家具家饰的色彩及形式，为今后的设计创作提供相应的素材，如图5-1～图5-4所示。

二、布艺配饰

柔软的材质一般包括布艺沙发、布艺靠垫、窗帘、地毯等。在柔软材质的手绘表现中，有些柔软材质需要物体的蓬松轮廓来突出，如沙发、靠垫、窗帘等；另一些柔软材质要用材质本身的结构特征来表现，如毛绒、地毯等。所以，布艺、布料是装饰材料中常用的材料，

图 5-1 客厅沙发软装陈设图（汪梦涵）

图 5-2 餐厅软装色彩表现图（图片来自网络）

图 5-3 几案软装设计表现图（图片来自网络）

图 5-4 窗台上的软装小品（图片来自网络）

包括化纤地毯、无纺壁布、亚麻布、尼龙布、彩色胶布、法兰绒等各式布料。布料在装饰陈列中起到了相当大的作用，常常是整个陈设空间中不可忽视的主要力量。大量运用布料进行墙面面饰、隔断以及背景处理，同样可以形成良好的陈设空间展示风格。纺织布艺是室内设计中极具多元化的设计元素，纺织布艺质地柔和，相比硬质装饰材料，更能给室内空间增添很多情趣和想象空间。另外，纺织物品也给住宅空间和公共空间带来舒适、温暖和柔和的感觉。比如地毯具有丰富的图案、绚丽的色彩、多样化的造型，既可以成为空间的协调剂，也可以融合空间提升质感；再如整体色调较为单调时，铺贴一个色彩较丰富的地毯可以显得空间没有那么空，提升层次感，也可满足居住者的个性化需求。众所周知，布艺是住宅或陈设间中有机的组成部分。同时，布艺在它本身的实用功能上具有一定的独特审美价值。在设计师绘图过程中，有些可能觉得画布艺或者软包等比较麻烦，其实画这些的过程很有意思，只要掌握了其中的关键点就很容易上手。如画布料，首先确定光源和布料的受力情况，控制线条并画出大的结构方向，细画质地时注意它的明暗处理。织物能够使空间氛围亲切、自然，可运用轻松活泼的线条表现其柔软感。织物柔软，没有具体形体，在表达的时候容易将其画得过于平面，失去应有的体积感，使柔软的质地不能被很好地表达出来。织物在室内效果图中有着缤纷的色彩，在具体装饰中可使空间丰富多彩，织物主要是地毯、窗帘、桌布、床单等，柔软的质地、明快的色彩使室内氛围亲切、自然，如图 5-5～图 5-7 所示。

图 5-5　织物软装设计表现图 1

图 5-6　织物软装设计表现图 2

图 5-7　儿童房软装设计参考图（图片来自网络）

　　室内软装设计根据不同的使用性质和环境来划分不同的功能空间，科学合理地创造出舒适优美、满足人们物质和精神生活需要的室内环境，并让这一空间环境既具有使用价值，满足相应的功能要求，同时又能反映不同的历史文脉，营造出不同的精神氛围和艺术内涵，如图 5-8～图 5-11 所示。

图 5-8　沙发软装设计表现图 1（图片来自网络）　　　　图 5-9　沙发软装设计表现图 2（图片来自网络）

图 5-10 沙发软装设计表现图 3（王瑞博） 图 5-11 书桌软装设计表现图（池慧慧）

综合表现已经基本凸显了空间的文化氛围，室内空间有很多小饰物，是体现室内氛围的重要组成部分，但是一定要表现出不同物体的不同质感，如图 5-12～图 5-15 所示。

图 5-12 客厅陈设软装表现图（孙嘉伟）

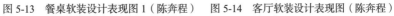

图 5-13 餐桌软装设计表现图 1（陈奔程） 图 5-14 客厅软装设计表现图（陈奔程）

图 5-15 餐桌软装设计表现图 2（陈奔程）

三、绿植花艺

绿植花艺如图 5-16～图 5-20 所示。

图 5-16　花卉软装陈设表现图 1（孙嘉伟）　　图 5-17　花卉软装陈设表现图 2（孙嘉伟）

图 5-18　花卉软装陈设表现图 3（童家豪）　　图 5-19　花卉软装陈设表现图 4（杨小倩）

图 5-20　花卉软装陈设表现图系列

5　　　6

图 5-20　花卉软装陈设表现图系列（续）

四、灯具软装

玄关通常会布置鞋柜、衣帽架等，所以我们选择向下照射的射灯，或在玄关的墙壁上放置一盏壁灯，简约的同时又方便我们进出脱鞋穿鞋。应尽可能避免冷色调，毕竟玄关是家里刚进门的地方，暖色调能给人刚进门的温暖的感觉，如图 5-21 所示。

图 5-21　玄关灯具

客厅是整个房间的主体，是接待客人和家人主要活动的场所，所以灯具方面主要倾向于大灯结合射灯、筒灯等形成整体的灯光效果。同时我们还要注意要与室内的布置、家居、装饰相协调，使客厅的气氛更加浓厚大气。根据自己客厅的主题色调是偏暖还是偏冷，选择灯光的冷暖。根据客厅的整个空间大小和灯具的功率来确定自己的客厅到底需要多少灯才能让客厅明亮。客厅较暗的角落可以考虑利用落地灯或者壁灯起到点缀效果。在对客厅的电视柜、茶几、沙发等地灯具的选择布置上，我们也应该遵循让整个空间更加均匀、明亮的原则。客厅的和谐光亮反映品位：客厅是主人会客的地方，这里的装修将给客人最直观的印象，反映主人的身份和修养，因此每一个细节都变得尤为重要。灯饰的自由选择直接关系到客厅空间的整体是否和谐与品位如何。为反映幸福的光环境，客厅的灯光应选择艺术感较强的灯具，与室内布置相协调。一般使用得最多的是吊灯，光亮、华丽、气派、豪华的吊灯既能反映主人身份，也能烘托热烈的气氛。另外，还应考虑到用壁灯与立灯作辅助灯光，以衬托客厅主体灯光风格。如果客厅里有图画及艺术品，可用射灯做投光灯光，使装饰品或壁画成为客厅中的亮点；在沙发边可摆放一盏落地灯，为亲友聊天营造亲切的氛围；如果有电视机等影音电子设备，可在边上安装壁灯，为观看电视的家人提供最佳的灯光，如图 5-22～

图 5-25 所示。

图 5-22 客厅灯具 1

图 5-23 客厅灯具 2

图 5-24 客厅灯具 3（孙嘉伟）

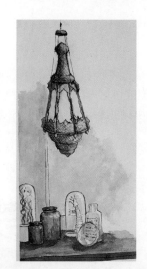

图 5-25 客厅灯具 4（葛乐琳）

　　厨房兼作餐厅，可在餐桌上方设置单罩单头升降式或单层多叉式吊灯，光源宜使用暖色白炽灯。餐厅是人们享受美食、聚餐的地方，灯光要以能够营造气氛、增加食欲为主要考虑方向。一般情况下，我们选择吊灯，吊灯罩可以选择不同的颜色，增加餐厅的艺术气息。灯光色彩上，我们选择温暖的暖色调灯光，尽可能避免使用冷色的灯源，如图 5-26～图 5-29 所示。

图 5-26 餐厅灯具 1（曹优贝）

图 5-27 餐厅灯具 2（张琪楠）

图 5-28　餐厅灯具 3（陈佳）

图 5-29　餐厅灯具 4（唐静雪）

　　卧室是我们平常睡觉休息的区域，所以要营造休息的舒适感，在灯具选择上主要以恬静为主，一般情况下我们不推荐使用太亮的灯光，但是局部的灯光要比较亮。我们可以选择在床的上方装饰一个吊灯或设计一个几何射灯，尽可能保持天花板的颜色比较平淡，这样可以营造更加温馨的场景。卧室的舒适度尤为重要。卧室的主题常常以温馨居多，极少有人会在劳累一天等着入睡时，还期望看见一个色彩缤纷、气氛热烈的卧室。这时候，恬静、舒适度的感觉最重要。因此，要避免使用耀眼的灯光或使用造型繁复奇特的灯具，一般来说，卧室应有一盏悬挂式顶灯，如在房间顶装上长形的白炽灯。为了使光线恰到好处，还可以在灯的下方兜上一层白色轻质半透明的幔布，使强烈的灯光显得圆润，也使房间看上去充满情调。台灯是卧室不可缺少的灯具，最好是造型非常简单的可调节暖光灯，放到床头触手可及的地方。如果是双人床，最好两边各有一个，既可以满足两人有所不同的要求，彼此又互不阻碍。另外，如果房间不是相当大的话，卧室常常会兼备其他功能，在必须提高照度的地方装上壁灯或者其他灯具。值得注意的是，灯的开关应分别掌控并进行归集，装在进门就能触及的地方，以便使用者在最短的时间里开启想要使用的灯。在床边也应当布置一组开关，让喜欢躺在床上阅读、看电视的人在入睡前不必再起来关灯，如图 5-30 所示。

图 5-30　卧室灯具（孙嘉伟）

书房要体现出古朴隽秀的思维。书房的环境应是文雅清幽、简练流畅的。今天的书房除阅读与文学创作之外，还有电脑等其他现代化工具。因此，书房既要有很高的照度值，又要有宁静的光环境。书房内应确保有非常简单的主体灯光，可使用单叉吊灯或日光灯，位置根据室内的具体情况来确定；在台面上应有定向而光亮的灯光，白炽灯是最合适的选择；另外，书橱内可加装一盏小射灯，这种灯光不但可协助分辨书名，还可以维持温度，避免书籍潮湿。作为一个工作和自学的地方，书房中的灯具不应过分富贵或张扬，以古朴隽秀为好，以创造出一个阅读思考时所必需的静谧环境，如图 5-31 所示。

图 5-31　书房灯具（周其乐）

以下是一组国外软装灯具手绘参考案例，如图 5-32 所示。

图 5-32　软装灯具手绘参考案例

五、陈设工艺品

以下是一组陈设工艺品示例，如图 5-33～图 5-35 所示。

图 5-33　陈设工艺品手绘表现图系列

图 5-34 陈设工艺品板绘表现图系列

图 5-35 陈设工艺品参考案例系列 1（图片来自网络）

法式乡村田园 + 地中海饰品摆件、抱枕

图 5-36 陈设工艺品参考案例系列 2（图片来自网络）

第二节 软装风格手绘表现

软装风格一般包括中式风格（Chinese Style）、欧式风格（Classic European Style）、现代简约风格（Minimalist Style）、田园风格（Country Style）、日式风格（Japanese Style）、地中海风格（Mediterranean Style）、新古典风格（Neoclassical Style）、东南亚风格（Southeast Asia Style）、朋克混合工业风（Punk Mixed Industrial Style）、摩登风格手绘表现（Modern Style）等。以下介绍主要的几种软装风格手绘表现。

一、中式风格（Chinese Style）

中式风格又分为多种，如中式田园，该风格倡议"回归天然"，美学上推崇"天然美"，力求表现悠闲、舒畅、天然的田园生活情味。清雅的灰、绿色彩符合田园风设计，是激起天然渴望最直接的方法之一。高级灰墙面漆和纹路壁纸添加了高雅魅力以及趣味性，如图 5-37、图 5-38 所示。

图 5-37 中式风格软装参考案例系列（图片来自网络）

图 5-38 中式风格软装板绘效果图（孙涛）

　　大家相对比较熟悉的新中式风格规划理念，也被称作现代中式风格规划。新中式风格规划，既是中国传统风格文明与现代时髦元素的融合与碰撞，又是在中国当代文明理解基础上的现代规划。前面曾对新中式风格规划理念及现代中式风格进行了一些介绍，让我们对现代中式风格规划有更深入的认识。在空间和概念的识别上，我们一直在借鉴优秀设计的传统标准，以便将精致、现代的室内设计与建筑史联系起来，发明新的设计，使之愈加精约美观，富有时尚感，如图 5-39、图 5-40 所示。

图 5-39 中式风格软装手绘效果图 1（陈佳）

图 5-40　中式风格软装手绘效果图 2（陈佳）

二、欧式风格（Classic European Style）

欧式风格包括欧式田园风格、欧式现代风格等。欧式田园风格知性高雅，欧式的高雅与田园的温柔，如一位成熟女人一般充满魅力。客厅大量使用碎花图案的各种布艺和挂饰，欧式家具富丽的轮廓与精美的吊灯相辅相成。墙壁上也并不空寂，壁画和装饰的花瓶都使它增色不少。欧式现代风格可以彰显欧式的显贵，高端大气又风情万种。欧式风格的家居宜选用现代感激烈的家具组合，特点是简略、笼统、明快、现代感强。组合家具的颜色可以选用白色或流行色，配上适宜的灯光及现代化的电器。例如，北欧清新淡雅的风格营造的是一种浪漫的氛围，柔软的灯光、淡淡的色彩调配，加上飘窗的规划，即使是简简单单的装修，也能给人温馨舒适的感觉。北欧风格则以白色为主题，白色的橱柜、白色的木门、白色的衣橱，简略的线条调配简略的配饰，纯洁柔软，简约大方，让人不得不爱，如图 5-41、图 5-42所示。

图 5-41　欧式风格软装手绘效果图 1（王琪聪）　　图 5-42　欧式风格软装手绘效果图 2（李斌）

再如意大利风格，主色彩艳丽明快，在色彩调配上，意大利风格可以说是很多风格中最艳丽明快的，多用薄荷绿、粉红色、玫瑰红等浅色彩，善用金色和象牙白。在家具装修上，无论是橱柜、桌椅，还是镜子、墙壁，金边线脚更是无处不在，如图 5-43、图 5-44所示。

图 5-43　意式风格软装参考案例系列 1（图片来自网络）　　图 5-44　意式风格软装参考案例系列 2（图片来自网络）

三、现代简约风格（Minimalist Style）

现代简约风格即现代主义风格。现代主义也称功能主义，是工业社会的产物，起源于 1919 年包豪斯学派，提倡突破传统，创造革新，重视功能和空间组织，注重发挥结构构成本身的形式美，造型简洁，反对多余装饰，崇尚合理的构成工艺；尊重材料的特性，讲究材料自身的质地和色彩的配置效果。现代简约风格空间的色彩比较跳跃、空间的功能性比较多。现代主义的装修风格有几个明显的特征：首先喜欢使用最新的材料，尤其是不锈钢、铝塑板或合金材料，作为室内装饰及家具设计的主要材料，墙面多采用艺术玻璃、简洁抽象的挂画，窗帘的装饰纹样多以抽象的点、线、面为主。床罩、地毯、沙发布的纹样都应与此一致，其他装饰物（如瓷器、陶器或其他小装饰品）的造型也应简洁抽象，以求得更多共性，凸显现代简洁主题。其次对于结构或机械组织的暴露，如把室内水管、风管暴露在外，或使用透明的、裸露机械零件的家用电器。最后，在功能上强调现代居室的视听功能或自动化设施，家用电器为主要陈设，构件精致、细巧，室内艺术品均为抽象艺术风格。简约、简洁、空间感很强是现代主义风格的特色，如图 5-45 所示。

图 5-45　现代风格软装手绘效果图系列

四、田园风格（Country Style）

田园风格就是指拥有"田园"风格的东西。具体表述为：以田地和园圃特有的自然特征为形式手段，能够表现出带有一定程度农村生活或乡间艺术特色，表现出自然闲适的内容的作品或流派；强调自然美，装饰材料均取自天然材质，如竹、藤、木的家具，棉、麻、丝织物，陶、砖、石的装饰物，乡村题材的装饰画等，一切未经人工雕琢的都是具有亲和力的，不需要精雕细琢，即使有些粗糙，那也是自然的流露。田园风格一般根据不同的地域和文化，分为中式田园、法式田园、英式田园、美式田园风格等，如图5-46、图5-47所示。

图5-46 田园风格软装手绘效果图1　　　　　　图5-47 田园风格软装手绘效果图2

五、日式风格（Japanese Style）

日式风格亦称和式风格，这种风格的特点是适用于面积较小的房间，其装饰简洁、淡雅。一个约高于地面的榻榻米平台是这种风格重要的组成要素，日式矮桌配上草席地毯、布艺或皮艺的轻质坐垫、纸糊的日式移门等。日式风格中没有很多的装饰物去装点细节，所以整个室内显得格外的干净利索。日式设计风格讲究空间的流动与分隔，流动则为一室，分隔则分几个功能空间，空间中总能让人静静地思考，禅意无穷。装修的特点是淡雅、简洁，它一般采用清晰的线条，使居室的布置带给人以优雅、清洁，有较强的几何立体感。传统的日式家居将自然界的材质大量运用于居室的装修、装饰中，不推崇豪华奢侈、金碧辉煌，以淡雅节制、深邃禅意为境界，重视实际功能。传统的日式家具以其清新自然、简洁淡雅的独特品味，形成了独特的家具风格。日式风格特别能与大自然融为一体，借用外在自然景色，为室内带来无限生机，选用的材料也特别注重自然质感，以便与大自然亲切交流，营造闲适写意、悠然自得的生活境界，如图5-48、图5-49所示。

图5-48 日式风格软装手绘效果图1（王明艳）　　图5-49 日式风格软装手绘效果图2（孙涛）

六、地中海风格（Mediterranean Style）

对于久居都市、习惯了喧嚣的现代都市人而言，地中海风格给人们以返璞归真的感受。地中海式风格在9～11世纪又重新兴起，指沿地中海周边的国家如西班牙、法国、意大利、希腊、土耳其等国家的建筑及室内装饰风格。地中海风格的设计灵魂是"蔚蓝色的浪漫情怀，海天一色、艳阳高照的纯美自然"。地中海风格的基础是明亮、大胆、色彩丰富、简单、民族性、有明显特色，蓝白色调的大胆使用是其主要的特征和明显的标志。它不需要太多的技巧，而是保持简单的意念，捕捉光线，取材大自然，大胆而自由地运用色彩、样式。地中海风格通常将海洋元素应用到家居设计中，给人以自然浪漫的感觉，也给人以蔚蓝明快的舒适感。在造型上，广泛运用拱门与半拱门，给人一种曲线美，又给人以延伸般的透视感。在家具选配上，通过擦漆做旧的处理方式，搭配贝壳、鹅卵石等海洋元素，表现出自然清新的生活氛围。在色彩上，以蓝色、白色、黄色为主色调，看起来明亮悦目、通透开阔。在材质上，材料的质地较粗，并有明显、纯正的肌理纹路，一般选用自然的原木、天然的石材以及很多大自然的天然元素等，用来营造浪漫自然。同样，地中海风格的家具在选色上，它一般也选择直逼自然的柔和色彩；在组合设计上注意空间搭配，充分利用每一寸空间，且不显得局促，不失大气，解放了开放式自由空间，集装饰与应用于一体；在柜门等组合搭配上避免琐碎，显得大方、自然，让人时时感受到地中海风格家具散发出的古老尊贵的田园气息和文化品位，其特有的罗马柱般的装饰线简洁明快，流露出古老的文明气息，如图5-50、图5-51所示。

图 5-50　地中海风格软装手绘参考图 1（图片来自网络）　　图 5-51　地中海风格软装手绘参考图 2（图片来自网络）

七、新古典风格（Neoclassical）

欧洲文化深厚的艺术底蕴，开放、创新的计划思想及其尊贵的姿容，一直以来颇受世人喜好与追求。新古典风格其实就是经过改良的古典主义风格。它一方面保留了材质、色彩的大致风格，但仍然可以很强烈地传达出传统的历史痕迹与浑厚的文化底蕴，同时又摒弃了过于复杂的装饰，简化了线条。家居软装饰在表现新古典主义时多运用蕾丝花边垂幔、人造水晶珠串、卷草纹饰图案、毛皮、皮革蒙面、欧式人物雕塑、油画等，满足了人们对古典主义式浪漫舒适的生活追求，其格调华美而不显张扬，高贵而又活泼自由。在图案纹饰的运用搭配上，新古典主义家居软装饰更加强调实用性，不再一味地突出烦琐的装饰造型纹饰，多以简化的卷草纹、植物藤蔓等装饰性较强的造型作为装饰语言，突出一种华美而浪漫的皇家情节。在色彩的运用上，新古典主义也逐渐打破了传统古典主义的忧郁、沉闷，以亮丽温馨的象牙白、米黄，清新淡雅的浅蓝，稳重而不是奢华的暗红、古铜色，演绎新古典主义华美亲人的新风貌。在家具设计上则将古典的繁杂雕饰简化，并与现代的材质相结合，呈现出古典而简约的新风貌，是一种多元化的思考方式。将怀古的浪漫情怀与现代人对生活的需求相结合，兼容华贵典雅与时尚现代，新古典主义设计满足了人们对历史的温情，对浪漫的情怀，而且从视觉、质感、情感等方面及功能上赋予人们更加雅致的生活，如图5-52、图5-53所示。

图 5-52　新古典主义风格参考图1（图片来自网络）　　图 5-53　新古典主义风格参考图2（图片来自网络）

八、东南亚风格（Southeast Asia Style）

东南亚风格沿袭了东南亚民族的文化特点，以营建一种静谧的空气为主要目的，十分贴近天然。东南亚风格在造型上以对称型的实木布局运用得较多，少许芭蕉叶或是砂岩的运用，都吐露着浓浓的东南亚风韵，如图5-54、图5-55所示。

图 5-54　东南亚风格参考图1（图片来自网络）　　图 5-55　东南亚风格参考图2（图片来自网络）

第三节　软装案例空间手绘表现

一、家居空间软装手绘设计

在平面图画完后，如何给图中的家具找合适的风格进行搭配，如何决定色彩方案，且最终配以可以烘托气氛、营造感觉的饰物，这些方面的本领是非常需要我们长期不断提高的。一个空间的最终氛围也是通过这些搭配来达到的。我们对家的想象有千百种，在喧嚣繁华的都市里，在那个心灵的避风港停靠的容器里，我们可以卸下一身疲惫，来丰满这一生的光景乃至传承下去。

案例一：杜总府邸

设计师：郭焱
总建筑面积：1343.81m²
地点：中国石家庄
项目分析：府邸主人是一名成功的医美大健康企业家。结合主人的高品质意愿、整体风格的把控、使用尺度的舒适、材料的运用，我们希望能呈现的不仅仅是一种风格，更是一种生活方式的表达。本案例分地下两层及地上三层，一共五层；负一层为休闲娱乐及功能区；负二层为私人收藏馆；一层空间主要是家庭的主要社交场所，包括会客及品鉴。空间中大量运用深色天然木纹饰面，呈现出沉稳时尚的基调，如图 5-56 所示。

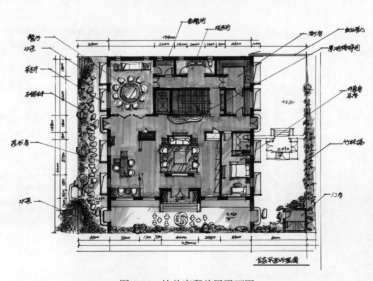

图 5-56　杜总府邸首层平面图

二层为老人及孩子们的居住空间。天井之下的休闲会客区，也得到了阳光最大的沐浴，老人与孩子们聚于此享受阳光的惬意，分享幸福，回味点滴。通风采用自然通风，采光根据当地日照设置开窗，如图 5-57 所示。

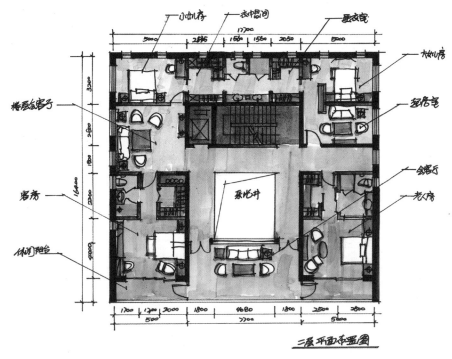

图 5-57 杜总府邸二层平面图

三楼的整个空间是为夫妻两人所做的规划——卧室、书房、衣帽间、茶储藏间等，我们需要做到满足私人化需求的最大便利和舒适度，如图 5-58 所示。

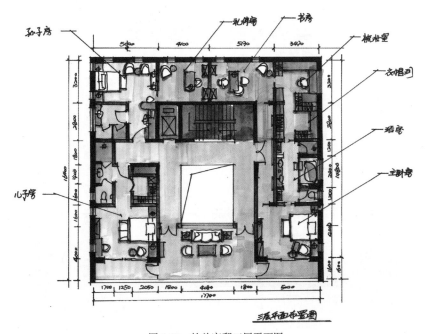

图 5-58 杜总府邸三层平面图

屋顶则作为另一个私家庭院，休闲娱乐空间被制定为下沉式体验花园，园以景胜，景以园异。设计本着"园中有景，景中有人，景因人异，人与景合"，并本着"以人为本"的原则，在屋顶花园空间设计中充分考虑了人的多维感觉。亭、廊、下沉式庭院及各式地灯等兼顾功能与美观，体现了绿色生态的现代化要求，如图 5-59 所示。

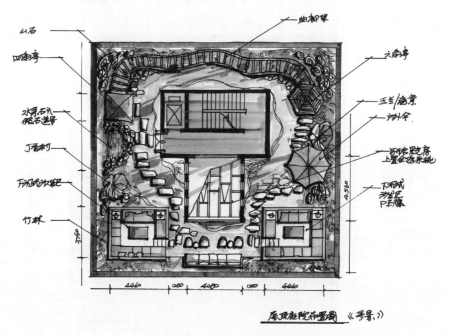

图 5-59 杜总府邸屋顶庭院平面图

主人有充分的空间来允许多样化的可能性，需求与空间达到一个很高的适配度，我们则更倾向于挖掘、体现生活的精细化、高便捷化、多样化，如图 5-60、图 5-61 所示。

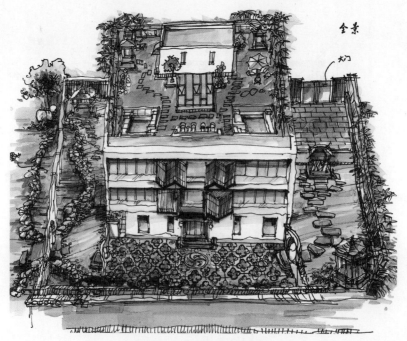

图 5-60 杜总府邸建筑效果图

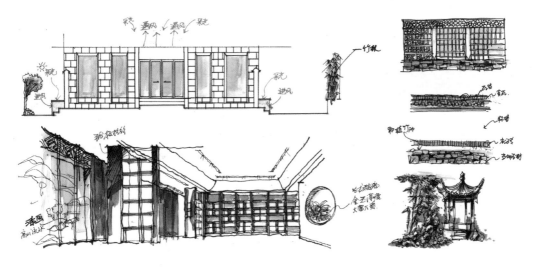

图 5-61　杜总府邸建筑室内立面及节点图

案例二：轻奢风住宅

　　轻奢这个词同品质一样，属于一种意识。相对抽象，这和设计感、品牌、理念等都有关系。装饰装修中轻奢风格注重硬装修手法的简洁，却不似简约风格那般随意。看似简洁朴素的外表之下却常常折射出一种隐藏的贵族气质。该风格在于体现轻奢，精致软装却并不复杂，还有着意想不到的功能和空间划分，设计感极强，摒弃烦琐的多线条和勾勒的装修，真切表达生活的本质。轻奢中的"轻"字，即表达简单、极简，这种简洁主义的风格渗透了简单加奢华，如图 5-62～图 5-69 所示。

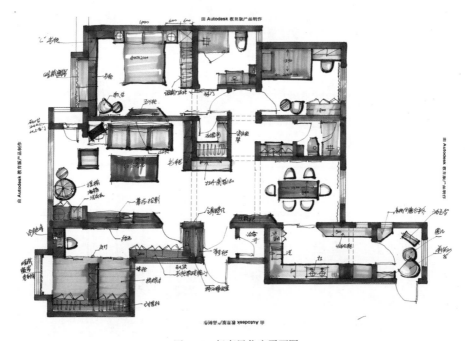

图 5-62　轻奢风住宅平面图

图 5-63 轻奢风住宅立面图 1

图 5-64 轻奢风住宅效果图 1

图 5-65 轻奢风住宅效果图 2

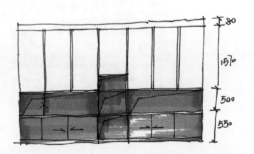

图 5-66 轻奢风住宅立面图 2

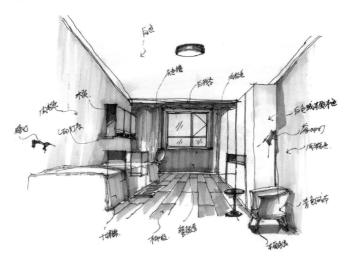

图 5-67 轻奢风住宅效果草图 1

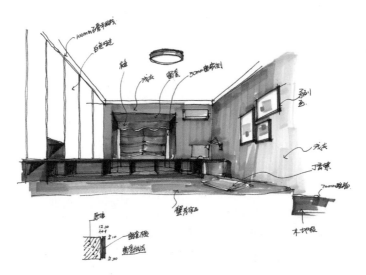

图 5-68 轻奢风住宅效果草图 2

图 5-69 轻奢风住宅效果草图 3

二、餐饮空间软装手绘设计

案例：酷爱音乐餐厅"悦"空间

项目名称：酷爱音乐餐厅"悦"空间
项目面积：1000 ㎡
项目地址：河北 石家庄
设计公司：郭焱装饰工程设计有限公司
设计时间：2020 年 2 月
竣工时间：2020 年 6 月 19 日
主持设计：郭焱
主要材料：不锈钢波浪镜面板、黑碳艺术漆、欧松板、艺术玻璃

主题餐厅往往是围绕着一种文化或者是一种思想进行的，因此主题餐厅的室内空间结构以及餐桌、餐椅和其他装饰物的风格一般也都具有高度的统一性。主题餐厅中"主题"的良好体现，是为了带给消费者更加"身临其境"的感觉，进而良好地在其室内设计风格上满足消费者的精神需求，带给消费者独特、新颖的感官体验。本餐厅"以音乐为主题、以荷花为载体、以灯光为渲染"，贯彻"以人为本"的思想，在结合餐厅基本要求的前提下，以创造高品质的消费心理为目标，渲染出一个时尚、浪漫、舒适的消费空间，如图 5-70 所示。

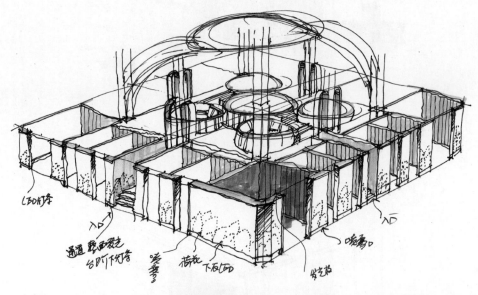

图 5-70　酷爱音乐餐厅"悦"空间鸟瞰图

以荷花为载体的灵感，来源于其原建筑柱网结构上的优势，因其平面上似一朵盛开的荷花而布局展开。五行相生，中央为土，圆形舞台可升可降，外围环形廊道与主就餐区横向形成外方内圆格局；纵向分 3/6/9 级台阶增加层次感的同时，又增强了沉浸式的就餐体验。东西南北四方金角向心，中央凸起巨大的荷花叶脉，此叶脉脉络是有 24 条 LED 硅胶灯条的组合，除了根据一年四季季节可以变换四种不同色调以外，还可以分生日、婚礼两种不同色调氛围。伴有荷叶

清香的气味，宾客似在荷花池中，听着音乐，品其美食，不仅有特别的视觉、听觉、味觉感受，还提供了一个让宾客在音乐中尽情释放、尽情享受的舞台，如图 5-71 所示。

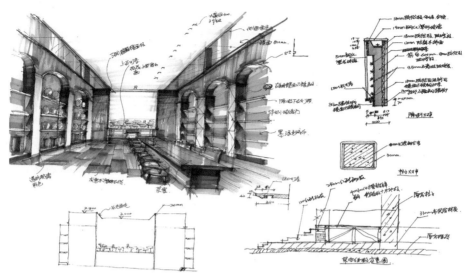

图 5-71 酷爱音乐餐厅"悦"空间方案图 1

荷花除了"出淤泥而不染，濯清涟而不妖"的寓意外，它还是富贵的象征，其本身就带有大富大贵的寓意。所以本案将荷花元素巧妙地进行简化处理，运用贯穿设计中，墙面上、门洞口、隔断上、屋顶造型、光影效果上……酷爱音乐餐厅"悦"空间方案如图 5-72 所示。

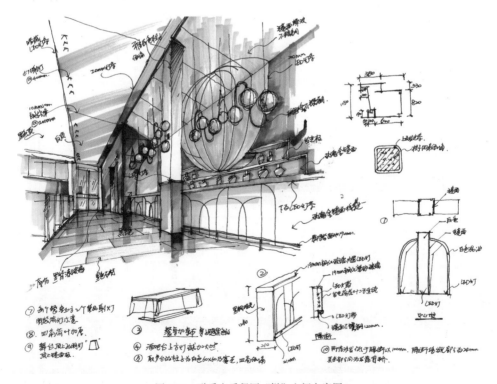

图 5-72 酷爱音乐餐厅"悦"空间方案图 2

本餐厅所运用的是"华彩光电"的 LED 灯光。如果说音乐是本设计空间的要素，那么灯光就是整个设计空间的灵魂。因为餐厅灯光色彩的搭配不仅会影响人的情感，更能刺激顾客食欲从而提升营业额。而不同的灯光色彩给人不同的感觉，能够在特定的空间中产生不同的氛围。灯光设计并不是对空间设计不足的完善，而是以光的环境感受为重点，功能和效果并重，使得灯光与环境完美地融合。 往内走是同仁们的工作区，性格沉稳的风格基调与靠墙的大型书柜相辅相成，释放着内敛的人文气质，其间三向星芒状的工作站设计相当出色，给人随时都能进行小组会议般的机动感。在明管明线的漆黑天花板衬托下，两段吊挂式天花板块如同振翅的羽翼，随时提醒同仁们拒绝自我设限的企图心，而整个办公室的设计，由外观的精致导入内部的多元事务机能，将情境的起承转合拿捏、掌握得恰到好处，如图 5-73、图 5-74 所示。

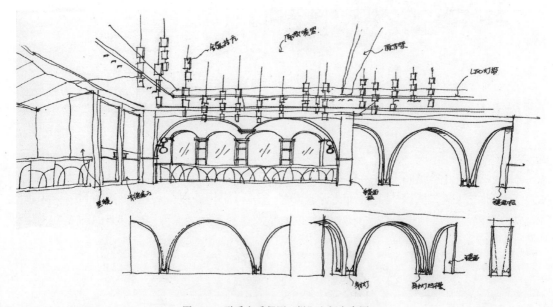

图 5-73 酷爱音乐餐厅"悦"空间方案图 3

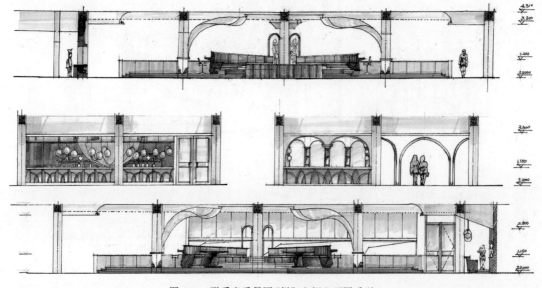

图 5-74 酷爱音乐餐厅"悦"空间立面图系列

三、展示空间软装手绘设计

案例：OCT创意展示中心设计

设计：朱锫建筑设计咨询公司 + 中建国际（深圳）顾问有限公司
项目地址：深圳湾欢乐海岸

项目分析：OCT 创意展示中心坐落于欢乐海岸购物中心东北角的创意广场，建筑面积约 4000㎡，是深圳首家大型商业文化创意展示中心。由近年来蜚声国际的中国新锐建筑师朱锫担任设计，其建筑灵感来自象征海洋的水滴和卵石，自然圆润的外形、流动的空间设计和有机可变的肌理，整体散发出简约现代和自然流动的气质，充分传达绿色建筑概念和低碳生活的全新理念。创展中心采用国际领先的压力感应照明系统，可根据游人的增减而自动调整明暗变化，营造出迥异截然的昼夜效果，在实践节能环保目标的同时，使建筑具有了应激性和生命力，使之成为欢乐海岸一颗璀璨亮丽的明珠。依托华侨城品牌优势和文化艺术资源，创展中心选择与自身业态高度关联的商业文化主题和先锋创意文化活动作为核心展示内容。不仅弥补了深圳大型高端主题商业没有配套展示功能的欠缺，还将艺术文化和商业活动巧妙结合，通过每年定期举办文博会分会场主题展、国际时装发布会、品牌车展、数码新品展和先锋艺术年度展等活动，将创展中心打造成商业品牌展示和时尚潮流汇聚的艺术文化与商业展示 T 台，成为深圳举办国际品牌发布、高端艺术文化交流、商业文化展示等活动的不二之选，如图 5-75～图 5-78 所示。

图 5-75　展示空间实景效果参考图 1（图片来自网络）

图 5-76　展示空间实景效果参考图 2（图片来自网络）

图 5-77　展示空间实景效果参考图 3（图片来自网络）

图 5-78　展示空间实景效果参考图 4（图片来自网络）

实践作业

一、课堂练习（40分钟）

根据教师提供的资料图片 (或者自己去收集)，完成 A4 纸大小的室内精细稿空间效果表达 1 张 (单色)。

二、课外练习

1. A4 大小室内空间软装陈设效果图（马克笔）2 张。

2. 根据所学课程知识点，完成 1 张体现自己喜欢的某种风格的钢笔淡彩或水彩表现室内效果图。

第六章　作品案例分析

本阶段教学引导	
教学目标	通过本章的学习，了解并掌握建筑案例空间手绘表现、景观小品空间案例手绘表现、景观庭院手绘表现等知识点。通过对以上手绘表现的欣赏和练习，更加巩固知识点。
教学方法	运用多媒体教学手段，并通过图片、PPT课件、视频及微课来讲解分析和辅助教学；帮助学生了解设计思维及表达概念，熟悉综合手绘功能及特点等。
教学重点	本阶段的重点内容是掌握建筑案例空间手绘表现、景观小品空间案例手绘表现、景观庭院手绘表现等知识点，培养学生分析、思考和设计能力。
作业要求	在本阶段的学习中，课内习作练习：根据课程知识点和教师提供的户型案例，完成住宅空间效果表达1张（上色）。 课外完成A4大小室外空间（建筑、景观）效果图（马克笔）2张，并根据所学课程知识点和优秀作品案例，完成1张（A3）自己喜欢的室内风格的室内效果图。

第一节　建筑案例空间手绘表现

1.建筑室内场景表现案例

图6-1所示的是设计师郭焱的建筑室内场景表现案例创意手稿，虽没有太多的深入刻画，但室内气质和氛围一览无余，设计语言表现到位。手绘图是设计师展现头脑中的想法和创意的基本表现技巧，也体现了设计师的功底和专业素养。本幅作品从启发、设计的基本元素到立面图的构思，再到空间的形成，体现了设计师的思路过程，也体现了一个室内空间从无到有的历程。手稿无论从施工工艺还是装饰材料的运用都有一个比较全面的考虑。线的力度和上色体现了设计师很扎实的基本功，设计素养较高。方案的表现手法娴熟、效果充分。

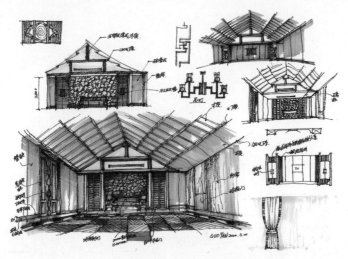

图 6-1　开滦大饭店室内空间手绘方案（郭焱）

图 6-2 所示作品是酒店大床房间的创意手稿，天花挑高造型独特，立面结构清晰，床的背景造型表现准确，深灰色地毯压住了画面。布置的贵妃榻和茶几休闲区域也是一大亮点，地毯的纹理也起到了活跃气氛的作用。使用马克笔表现工具，简洁概括、用笔肯定，体现了酒店的辉煌气势。

图 6-2　酒店大床房间手绘方案（郭焱）

图 6-3 所示作品是元龙酒店电梯间的创意手稿，天花灯具造型与地面大理石拼花相辅相成；墙面纹理表现清晰准确，且雕有祥云图案；电梯门映射了环境色；前后空间有距离，整个创意空间金碧辉煌。本方案采用一点透视，使用马克笔上色，比较深入，效果很好。

图 6-3　元龙酒店电梯间前室手绘方案（郭焱）

如图 6-4 所示，本方案的甲方是一对年轻的夫妇，女业主富有朝气和创新意识，喜欢娴淑安静的独立空间；男业主是理工科生，从事建筑设备装修行业，喜欢简洁。这是室内装修设计方案手绘效果图，本次手绘方案比较深入。餐厅厨房从区域划分上重新规划了餐厅的面积及方位，采用餐边柜设计把实墙和隔断联系起来，弥补了餐厅地方小且不方正的缺陷，使用面积增加并规整了形状，也增加了实用功能。在卧室打掉窗台，营造了一个私密且有文化气息的空间，同时运用窗帘做活动隔断，使空间增加了私密性和浪漫气氛。

图 6-4　石家庄保利花园餐厨设计手绘图（鞠广东）

图 6-5 所示作品是学生袁鹏博的一张公共空间共享室内手绘表现图，色彩整体协调，冷暖搭配，木饰板与沙发的暖色与地面地毯的冷色形成对比，却不冲突；装饰画既形象又概括，点到为止，在画面中起到点缀作用，沙发的处理比较用心，主次分开，手法熟练。

图 6-5　公共室内效果图（袁鹏博）

　　图 6-6 所示作品是学生杨鑫风的一张室内客厅手绘表现图，色彩整体稳重，冷暖搭配协调，沙发的暖色与地面的地毯冷色形成对比，但不突兀；房间效果表达主次分明，手法熟练。

图 6-6　公客厅效果图（杨鑫风）

　　图 6-7 所示作品是学生吴郭鑫绘制的室内居室材质表现图，窗帘、沙发和地毯布艺表现比较充分，墙面的装饰画如果简洁概括再准确一些，材质的质感会更好。

图 6-7　居室材质表现效果图（吴郭鑫）

　　图 6-8 所示作品是学生孙楷煊的一张餐厅手绘表现作业，马克笔运用比较熟练，色调和谐，顶面玻璃材料的表现较好，过厅地面木地板的反光表现较好；地砖的表现如果再肯定有

力度一些会更好。

图 6-8　餐厅公共区效果表现（孙楷煊）

　　图 6-9 所示作品是学生孙楷煊的食品展陈区手绘表现作业，整体透视准确、用笔肯定，表现一气呵成，虚实把握较好，地面材质表现尤为精彩；吊顶表现稍花，如果前面绿植表现再好一些会更完美。

图 6-9　食品展陈区效果表现（孙楷煊）

　　图 6-10 所示作品是学生孙楷煊的餐厅用餐区手绘表现作业，整体透视准确、用笔肯定，虚实把握较好，地面材质表现最为精彩。

图 6-10　餐厅用餐区效果表现（孙楷煊）

2.建筑室外场景表现案例

图 6-11 所示作品是谷晓龙老师为教学而用马克笔表现的作品《城市电车》。构图饱满，重点表现城市街道中的两辆电车，整体画面丰富，可以想到其当时的繁华程度，侧面的建筑采用高级灰上色，窗户样式概括到位，起到很强的渲染效果，前面的两辆电车刻画精细，电车的车窗很有特色，用笔灵活有生命力，尤其前面的电车表现准确，用笔干练，显示其扎实的基本功。

图 6-11　城市电车手绘（谷晓龙）

图 6-12 是河北一度假村项目酒店入口方案手绘图，设计手法简洁大气，主材采用本地区的石材，增加切割工艺，并再以花色搭配，玻璃护栏采用最新工艺固定，增强了通透感。主材色彩与当地水库及周围环境一致，相互交融，互相掩映。

图 6-12　度假村酒店入口设计方案手绘效果图（鞠广东）

图 6-13 所示方案是河北一度假村项目手绘效果图，甲方要求外观低调，内部生活化。因此本方案从实用角度出发，将两家别墅建成既独立又共用、共享，促进人与人之间的深厚感情交流，并满足于生活、娱乐、健身、沙龙的一幢小楼，地上有面山游泳池，地下一层为车库等，主题为释放天性、畅享生活。顶层智能玻璃顶满足晚上在床上看星星、看宇宙的天人合一的设计理念。别墅主材采用本地水泥和玻璃，建筑造型用直线条和自然生长的绿植相应相托，互相依存，室内空间和室外环境相互融合，在保证安全、私密的前提下，最大限度地融入自然。

图 6-13 度假村独岛别墅设计方案手绘效果图（鞠广东）

图 6-14 所示作品是学生杨鑫风的临摹作品，作业要求不能绝对地照临，要体现自己对建筑结构的了解、创意及色彩知识的领悟，上色手法要有个人体现。本幅作品立体塑造较好，建筑的气质和特点表现较好，干笔的运用增加了亮点，上色手法比较干练。

图 6-14 现代建筑手绘效果图（杨鑫风）

图 6-15 所示作品是学生杨鑫风的临摹作品，作业深入虽不够细致，但准确的造型能力、把握透视能力还是比较好的，上色很有个人对手绘知识的体现。如果天空和建筑顶部统一上色，再刻画建筑细节，将前景地面材质的表现和人物的刻画再用心着重处理，效果会更好。

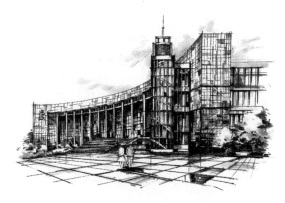

图 6-15 建筑手绘效果图（杨鑫风）

图 6-16 所示作品是学生袁鹏博表现南方街景夜晚的手绘表现图，是根据实景照片进行的手绘表现，线条流畅、灵活，有感情的融入，疏密有变化；色彩能表现出夜晚灯光的氛围，地方韵味比较浓厚，笔触的处理比较灵活，如果黑色处理时多些层次与虚实变化会更好。

图 6-16　弄巷街景手绘效果图（袁鹏博）

图 6-17 所示为河北井陉矿区于家石头村，于家石头村落是明代著名政治家、民族英雄于谦的后裔居所。500 年前，于谦之子隐居井陉南峪村，留有三子：于有道、于东道、于南道兄弟三人。成化年间（约 1486 年）因生活所迫，于有道携家眷秘密迁居于这旷野深山隐居。于家人"与木石居，与鹿逐游"，其族人以顽强的精神，艰苦创业，开拓生活。他们用石头搭房垒屋，造石具开荒种田，炊饮餐具全部用石头打凿而成。于家人在这里依漫山石头，开一方乡土，繁衍生息，由几户人家，发展到一个石头村落。村里人 95% 以上姓于。这幅作品为钢笔速写，采用马克笔和彩色铅笔上色，近景的山石路刻画、中景的清凉阁古建筑立体再现古老的历史和文化，再配以远景的桥洞，体现了空间感。

图 6-17　河北井陉于家石头村写生（鞠广东）

图 6-18 是带领学生写生时所画的现场表现古村落中午时间的作品，色彩以暖色调为主，冷色调退后，笔触果断利落，光线感比较强。屋后的树林深厚，层次比较丰富，前屋的处理主次分明，老屋的门做了细部刻画，成为视觉中心，左下角的石头本计划签名，但由于视觉重力的考虑，因此也上了色。

图 6-18　河南大峡谷竹林村写生（鞠广东）

这是表现上午 10 点左右的作品，这门头是现存最老也是保存最好的最有代表性的老房门头。水峪村隶属于河北省石家庄市鹿泉区白鹿泉乡，水峪村因村内多泉水而得名，其民居具有典型的太行山区传统民居特点，具有 1000 多年的建村历史。本张作品整体采用冷色调，当时天空晴朗，光线照射不是很强，因此把时间锁定在上午的 9 点左右阶段，门头的建筑符号很多，进行了细致刻画，表现了住宅的历史痕迹。天桥的处理弱化了，应该也是过去建筑的附属部分，用了现代材料，也体现了此建筑原先的庞大和不同，如图 6-19 所示。

图 6-19　河北鹿泉区水峪村写生（鞠广东）

图 6-20 所示作品是写生作品，这是在老河道旁的一户人家，还彰显着原先居民傍河而居的生活方式。小巧的院门口和背后正房及门前的巨石形成强大对比，巨石的沉重、老房的

裂纹体现的不稳定性及院门的古朴随性形成了静动对比，院门前的人工和自然台阶进行了恰如其分的点缀，使整体画面更完整。作品上色采用顺序为冷—暖交迭秩序，也使画面有了节奏感，院门的刻画及色彩的搭配使其成为视觉中心。

图 6-20　河南林州嶂石岩高家台写生（鞠广东）

图 6-21 是一幅车佛沟路边人家的写生作品，院墙及门采用极具特色的当地石板岩材质砌成，院后背靠的是太行山脉，门前的枯枝树桩、本地石碾的自然散落，间有杂草、碎石，视觉效果很丰富，配以最前面的随形台阶，构成一幅坐落于深山路旁的自然人家景致。此幅作品构图前中后层次丰富，色彩表现地方特色，门贴对联很有地方风俗特色，左侧树干和石碾巧妙地把视觉重量左移，平衡了画面，没有树冠，留有透气孔隙，也避免了抢夺视觉中心，最前面的石台阶色重构图比较灵活，寥寥几笔蕴涵了丰富的色彩，拉大了空间感。

图 6-21　河南林州嶂石岩车佛沟写生（鞠广东）

图 6-22 是一幅河南民居图，极具地方特色，这是完全用本地石材建筑的普通民居，依山而建，依地形构成村落，虽户家不多，但也有几百年历史。此房石材和泥坯混用，可见已有历史的承载。门前的鸭鹅窝也体现了当地的自给自足的生活方式。作品以暖色调呈现，是午后时光，太阳光已不是很强烈，光影的处理整体和谐，点缀的绿树色彩青翠，避免了画面过火，左侧的前房是另一户人家构成的门前的角落，是为饲养家禽留出的窝舍，枯木和杂枝丰富活跃了画面，院门和台阶成为整幅画面的重心，而木门和对联成为画面的视觉中心，右下角的墙面做了虚化处理，为画面留下了活气，前面的投影增强了重量感，压住了画面，给人带来联想和思考。

图 6-22　河南林州嶂石岩写生（鞠广东）

　　图 6-23 所示作品是表现水峪村已荒弃的小院西房中午 12 点时的效果，闭锁的房门、藤蔓缠绕的漏窗、残墙上的多年草堆、院内的荒草、弃用的农具及久置的漆桶都显示了这间老院已很久没有人来过，只有午后的绿树蓬勃生长，还提醒着村落的活力。此幅作品光线表现到位，老墙的泥皮经历了日月风雨的侵蚀，富有年代感，极具地方特色的石材也表现着其乡村的地域文化，墙面的树影自然贴合，整幅作品表现自然、淳朴，刻画深入、完整。

图 6-23　石家庄市鹿泉区水峪村荒院（鞠广东）

　　图 6-24 作品是水峪村一幢老院的厢房，听村民们说，这些石头里含铁，因此形成了赭红的颜色。石头里的铁含量不高，无采矿之必需，但却成就了水峪村丰富的色彩。因此，水峪村还有一个响亮的名字：红石村。主建筑是两层厢房，比正房还多一层，由于居住老人说楼梯坏了，很是遗憾不能上楼查考，只能尽量绘制仔细了。此建筑还遗存有民国风，并有西式的痕迹，如门窗的拱券和欧式风建筑，以及房顶的雨水处理。这些说明原建造者在村中还是有一定地位和经济条件的。此作品在构图视角上是仰视，院落不大，所以视角把握有一定难度，为了体现本地材质的不同和地域风格的独特，在绘画和用色上追求写实，把古朴、斑驳、沧桑、地域、历史等文化尽量地表现出来，呈现出原汁原味的河北井陉老民居。

图6-24　河北鹿泉区水峪村厢房写生（鞠广东）

河北石家庄市鹿泉区白鹿泉乡水峪村因村内多泉水而得名，其民居具有典型的太行山区传统民居特点，具有1000多年的建村历史。此作品以对面二层休息台上的视角观察而画，虽然是残垣断壁，但历史和文化还是使人深有感触，乡村的生活和器具更具有地方特色。木椽檩条都体现了曾经或当时居住人的地位和生活品位。作品表现的是上午9点左右光线照射时的景象，室内还有菜缸、农耕具和竹筐等用具。屋脊和长了乱草的屋顶体现了北方民居的特点。作品采用灰色调处理，刻画细致，空间感很强，尤其是前面的残墙，虽然破败，但无论材质还是层次还是表现的比较，都精彩到位，如图6-25所示。

图6-25　河北水峪二楼残桓写生（鞠广东）

步骤图如下。

用钢笔起稿（见图6-26），因考虑上色，所以没有完全以速写方式，只把光线及大的光影体现出来就好，因为前景意在细致刻画，所以起稿要准确、细致；尽量把废弃的老房破败的主体：砖石、旧筐、檩条、枯枝杂木及角墙的坍塌表现出来。

图 6-26　起稿

　　上色前，先分析光线、冷暖及主次刻画和表现的层次。经过分析决定，先给房内上色（见图 6-27），目的是拉大空间距离。此时是上午，所以房内以冷色调为主，依衬室外的当地砖石的暖色。

图 6-27　内部上色

　　以深灰色为主表现房内景象，同时注意窗外留空透气，还要把房内的杂物表现出来，在考虑前暖后冷用色的同时注意前实后虚，光线前亮后重以增强窗户的留空，体现光线。表现的重点是前面房内的刻画，把旧筐和檩条及杂木的光线和细节表现出来，同时渲染破败的气氛。

　　如图 6-28 所示，现阶段表现室外高光部分，因为马克笔不好提亮，所以先表现的部分给以定调，虽然有修改笔（白色），但只在修整时最有效。当前要把上午晴天的天色、房子的固有色及影响色考虑清楚。因为是晴天，所以高光部分采用冷色，且还要体现强光，重点增大暗部的关系，所以采用"冷暖冷"方式：光冷—暗部暖—阴影冷，侧面山墙把冷光表现充分，前面显露的木檩要细致刻画。

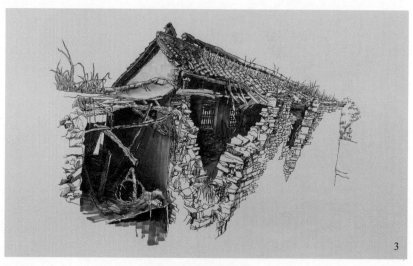

图 6-28　高光刻画

　　以高光部分为主，把体现光线的邻近区域完成表现，如图 6-29 所示。因为是晴天，所以高光的房体处理起来有一定难度，此幅作品没有采用留空（高光）画法，是出于完整和视重的考虑。所以受光房体在处理时应适当地加重色彩的明度，衬托亮部，同时还要把各种物体的材质表现充分，兼顾房内部的处理，达到统一、和谐。不足之处留到最后调整。

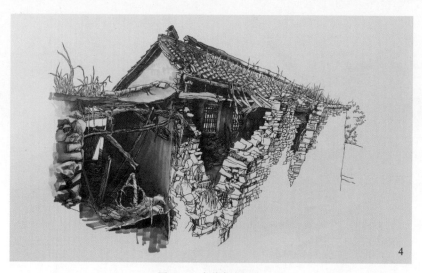

图 6-29　完善高光部分

　　暗部和高光部分完成后，剩下的就是固有色部分，顺着原先的思路上色，把握亮部冷、暗部暖的原则，根据马克笔的色度和明度及纯度上色即可。在上色过程中要重点考虑笔触的运用：按着透视排笔和砖石物体的肌理用笔，同时把马克笔笔尖的用笔方法灵活运用。最后综合考虑，整体调整，把光线和形体结构、材质质感表现充分，使用修改笔，配上小景，使画面完整，如图 6-30 所示。

5

图 6-30　完善

　　图 6-31 所示作品是谷晓龙老师为教学所做的用马克笔表现黄昏时的作品《水乡威尼斯》。建筑、小桥和晚霞呈现的是一幅暖色调画面，水面处理柔润、用笔丰富、虚实得当。本幅作品体现了创作者对马克笔笔尖特点的了解和多方面的笔触运用，显示了很高的对马克笔工具的驾驭能力。

图 6-31　水乡威尼斯（谷晓龙）

　　图 6-32 所示作品是谷晓龙老师为教学所做的用马克笔表现夜晚时的作品《夜市》。表现的是都市夜晚的街景，星空灿烂、高楼林立、车来车往。天空的表现空间感很好，色彩及用笔都很考究；楼宇鳞次栉比，繁华昌盛，反映了都市的美好生活。

图 6-32　夜市手绘（谷晓龙）

图 6-33 所示作品是学生尚江峰手绘表现故宫博物院效果作业，采用鸟瞰视角，从正门直到远方古新交替的建筑群，构图饱满，体现了中国古典皇家建筑以轴为中心且对称的建筑规制。城墙的中国红用色比较准确，表现建筑群的鳞次栉比，比较有层次；如果注意冷暖色的把控，前面建筑细节刻画再好一些会更完美。

图 6-33　故宫博物院效果表现（尚江峰）

图 6-34 所示作品是学生尚江峰单色手绘表现单体建筑的作业，态度端正、绘制用心。单色表现建筑和空间也是教学的一部分，有利于学生对结构和空间的理解。本幅作品采用灰马克笔上色，体现建筑的光影和空间感。

图 6-34　建筑单色效果表现（尚江峰）

如图 6-35 所示，这是表现一座老院落的写生，残破的房子被枯了的藤蔓缠绕着，屋顶只剩下几根横七竖八的檩条支撑，才能使墙不倒，房前的枯柴和院落里的杂草也有些荒了，还留着一条小路。本幅作品中前景的筐及乱枯枝堆是表现难点，要观察整体的柴堆形状和明暗体积，要提炼出最有特点的几根枯枝的起止结构，重点刻画，其他的就随机处理其穿插关系。上色时注意冷暖关系、笔触及结构的出入要重点刻画，其他概括处理也便于拉开空间和关系。老房的材质和结构基本准确就可以了，树木的生机勃勃反衬出老房的破落。

图 6-35　水峪村老房残院写生（鞠广东）

　　图 6-36 所示作品是设计师郭焱的写生手绘作品。本幅作品表现的是宁波奉化地方特色的二层小院，木楼灰瓦；建筑构建和一些器具也体现了当地的生活风俗。马克笔上色浑厚苍劲，很好地呈现了当地的特色。

图 6-36　奉化民居写生（郭焱）

　　图 6-37 所示，作品是设计师郭焱在绍兴嵊州的写生手绘作品。崇仁古镇居民以宋神宗敕封的裘氏后代为主，镇中保存了明清甚至宋朝时期多数古宅，青砖灰瓦，白墙硬山顶，高墙深院。隔扇、门窗雕刻工艺精湛。房宇毗邻、路路相通；直街——古时的驿道，保留了一些早年的商业气息。本幅作品表现的是路边残破的墙体，破败的木构件、碎落的砖石墙体还遗留着当地的特色，作品采用叠色以表现其古老的味道，整体色调协调、画面厚重。

图 6-37　崇仁古镇写生（郭焱）

第二节 景观小品空间案例手绘表现

1.景观小品表现

如图 6-38 所示，这是两幅度假村路口景观设计的现场手绘稿，第一张是为了表现建筑、路口景观小品及道路关系的手绘稿，运用了彩色铅笔、马克笔上色，是体现夏天植物与建筑及视觉、导向关系的手稿。手稿比较完整，在建筑结构、材料、色彩及道路的高低、曲折和周围环境的关系上表达得比较清晰，较好地体现了空间和色彩的关系。第二张就是景观小品的三个创意草图，便于沟通和理解。

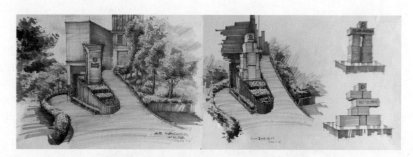

图 6-38 度假村景观路口创意手绘（鞠广东）

图 6-39 所示作品是石家庄风景园林设计有限公司创始人、设计师冯云松设计并手绘的实际项目中的一张小品效果图，表现的是现代公园近景过桥及远处休憩亭的风景园林小品，山石杂草自然水岸之趣与现代简洁的过桥形成对比，但桥的护栏采用木扶手，又有了中国文化的亲和力，与远景的木建筑协调统一。

图 6-39 公园过桥景观小品创意手绘（冯云松）

图 6-40 所示作品是由设计师冯云松手绘的实际项目中的一张公园小品效果图，表现了提

倡健康理念，供老年人和儿童休闲漫步的小品。本区域相对独立，增加了安全感，同时也是公园的一景，亲近大自然。效果表现树的高低有层次，色彩有变化，烘托了整个画面气氛。

图 6-40 慢行步道景观小品创意手绘（冯云松）

图 6-41 所示作品是学生袁鹏博的公园景观手绘表现，透视把握不错，空间表现也深远，但天空和树木绿植的处理稍显碎了些，前面的水景处理流畅、色彩比较丰富，处理得很不错。

图 6-41 公园景观手绘（袁鹏博）

2.景观小品表现图的空间感处理

图 6-42 所示作品是卢国新老师课上给学生演示时即兴设计的景观小品，从起稿到上色几分钟画完。此幅作品从构图上看，树和地平线均在黄金分割线上，构图有参差变化、疏密变化，绿篱、树、灌木及石是主景，与近景的碎石及草，还有远景的树林形成三个层次，虚实控制很好；上色用笔肯定熟练，绿色系 5 种色，冷暖及明度、纯度组合到位，配合暖色黄

系列 3 种色，形成一幅夏天组合丰富的树石景观图，主次分明、空间丰富、生意盎然、色彩和谐。同时签名灵动、含蓄，成为画面的点睛之笔。

图 6-42   景观小品手绘（卢国新）

图 6-43 所示作品是设计师冯云松设计并手绘的实际项目中的一张效果图，表现的是景观中鸟巢休憩处及广场水池与道路的关系，设计创意味道浓厚，色彩表现干练，整体协调厚重。

图 6-43   建筑景观小品设计手绘（冯云松）

图 6-44 所示作品也是设计师冯云松设计并手绘的实际项目中的一张效果图，主要表现的是水路过往汀步的设计。景观、园林专业被称为"最有人情味的专业"，处处体现着人文元素，也反映着设计师对生活的体味。此幅作品采用园林造园手法并且加以延伸，在使人获得愉快心情的同时，也体现了中国的文化。

图 6-44 景观小品设计手绘（冯云松）

图 6-45 所示作品是万象职业技术学院姜宁老师的别墅庭院景观设计方案鸟瞰效果图稿，沿河有多个景点，亭台水榭、跌水瀑布群、亲水平台、拱桥汀步、木质滨水步道以及多种类植物搭配，移步异景，沿岸景致刚柔并济。

图 6-45 别墅庭院景观设计手绘效果图（姜宁）

图 6-46 所示两幅作品是杭州科技职业技术学院刘蔚老师的庭院景观设计方案草图，描绘的是图 6-45 设计方案鸟瞰图中的两处景观点，因绘制在硫酸纸上，多处使用高光笔提亮画面。左图为石材跌水瀑布群，位于别墅主入口河对岸，是重要的动态景观点；右图为点景建筑原木亲水亭台，游人在亭中休憩时听着汀步落水声，观赏对岸柳姿草坪与滨水步道，宜静宜动，惬意悠然。

图 6-46 庭院设计景观小品方案效果（刘蔚）

图 6-47 所示作品是学生戎莉莉在景观设计课程中的创意稿，意在探讨高大植物与建筑小品及水岸线的关系。高大的绿植与休憩亭形成较强的对比，树干的倾斜与亭子的立柱形成一对相互关系，树冠与亭顶也形成了对比与掩映的关系，意在春夏使游览者坐于亭中享受大自然风景时得到双向（亭与树的阴凉）庇护，同时还可以观察树荫的移动，动静结合。湖岸线的柔曲也给人带来安静、祥和的体验。

图 6-47　公园景观小品和建筑小品创意手绘（戎莉莉）

图 6-48 所示作品是学生戎莉莉在园林设计课程中的创意稿，意在寻求水岸线及植物之间的关系。水岸线的委婉曲折加以石块的不规则摆设，看似漫不经心，其用意是"虽由人作，宛如天工"，追求自然天成的理念，水岸边的不规则坡地起伏不是太大，植物树干的挺拔和倾斜加上疏密的手法处理体现了园林设计的传统理念，因地制宜，利用地形特征得景随行，营造自然天成的风景园林景观。

图 6-48　水岸线表现创意手稿（戎莉莉）

图 6-49 所示作品是学生叶丽欣在园林设计课程中的创意稿，是由生活场景所感描绘的一幅园林晚景的手绘效果，是园林景观近景营造的一种尝试。近处的纤细植物随风起舞，与亦近亦远的天空组成一幅动静结合、空间无限的画面，"智者见智，仁者见仁"，令人遐想无限。

图 6-49 景观"意境"表现创意手稿（叶丽欣）

图 6-50 所示作品是学生叶丽欣在景观设计课程中的创意稿，本意是寻求现代建筑与现代景观的关系。层次分明的现代建筑随山势起伏，进入建筑的路敞亮开阔，没有配置高低绿植，主要就是探索人类改造自然、融于自然的和谐关系。

图 6-50 现代建筑与景观的关系（叶丽欣）

3.景观庭院手绘效果图赏析

图 6-51 所示作品是学生叶丽欣在庭院设计课程中的创意稿，透视虽然不是很严谨，但设计思路还是清晰的。采用几何规划庭院，布置山石导入中国文化，绿植的高低错落与建筑的线型语素形成非常丰富的庭院绿化语言。

图 6-51 产业园区现代庭院景观创意手稿（叶丽欣）

图 6-52 所示作品是学生戎莉莉在庭院设计课程中的创意稿，图中水池的透视不够严谨。受"开放景观"四字影响，大胆提出"大庭院"概念、居住建筑在大庭院之中的思考，意在探索人们生活在无边界的大自然，完全融入自然的设想。

图 6-52　别墅景观创意手稿（戎莉莉）

图 6-53 所示作品是学生戎莉莉在景观设计课程中的创意稿，使用的工具是彩色铅笔。作品对建筑、绿植及湖水、山石等有一定的表现，融入了自己的绿色理念，如果前面的路、船、石再用心布置会更好。

图 6-53　别墅景观创意手稿（戎莉莉）

4.景观快题设计练习

图 6-54 所示作品是学生阮茗沁在庭院设计课程中的创意稿，平面布置采用菱形交叉形几何规划，硬质景观与软质景观结合，设计思路比较精巧。作品布局排版合理，画面均衡，平面图与立面图表现细致，不足之处为透视图，树木与水景墙有些倾斜。

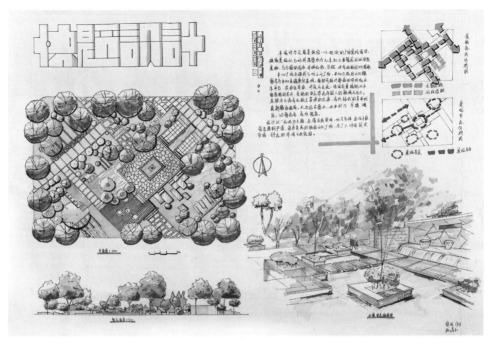

图 6-54 校园广场景观快题设计（阮茗沁）

图 6-55 所示作品是学生邓友艺在庭院设计课程中的创意稿，采用大对称小变化平面布置，手绘表现较好，效果图透视准确，远景树木若做虚化处理，将更有空间感，突出景观墙主体。作品布局排版紧凑，画面均衡，是比较优秀的快题练习作品。

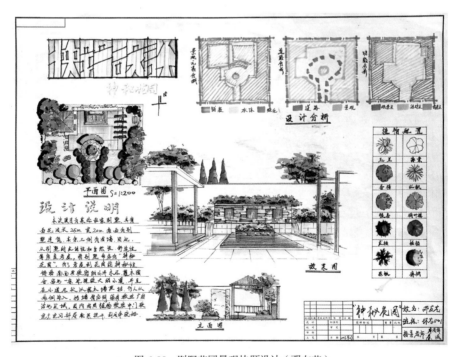

图 6-55 别墅花园景观快题设计（邓友艺）

图 6-56 所示作品是学生厉雯雯在庭院设计课程中的快题设计创意稿，中间圆形配合硬质景观和软质景观分割组合，庭院设计具有趣味性，整幅作品构图均衡，设计表现较好。

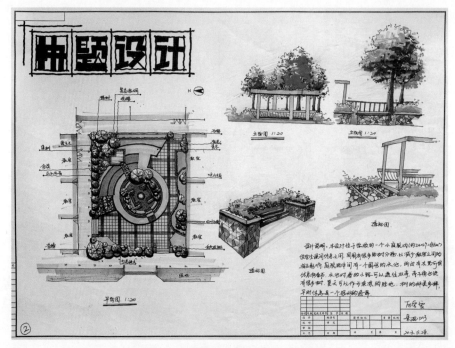

图 6-56　校园庭院景观快题设计（厉雯雯）

　　图 6-57 所示作品是学生俞图图在庭院设计课程中的快题设计创意稿，狭长形的庭院设置点断式景观，虚实相间，富有节奏感。整幅作品布局排版紧凑，画面上紧下松，可做适当调整。整体的设计与表现比较好。

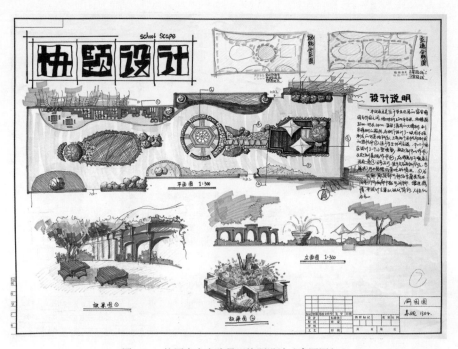

图 6-57　校园宿舍庭院景观快题设计（俞图图）

　　如图 6-58 所示，此套作品是万象职业技术学院姜宁老师和杭州科技职业技术学院刘蔚老师、黄筱珍老师等的城市公园景观设计方案草图，描绘的是设计方案平面图及方案中的四处景观点，因绘制在硫酸纸上，多处使用高光笔提亮画面。公园设计因地制宜，浓烈色彩强调的曲线形雕塑景观带与跨街观景长廊曲直呼应，为此公园设计的点睛之笔。

图 6-58　城市公园景观快题设计（刘蔚、姜宁、黄筱珍）

实践作业

一、课堂练习（40分钟）

根据课程知识点和教师提供的户型案例，完成住宅空间效果表达图 1 张（上色）。

二、课外练习

1. A4 大小室外空间（建筑、景观）效果图（马克笔）2 张。

2. 根据所学课程知识点，参考优秀作品案例，完成 1 张（A3）自己喜欢的室内风格的室内效果图。

第七章 附 录

本阶段教学引导	
教学目标	通过本章的学习，了解并掌握手绘表现的室内软装设计尺寸。
教学方法	运用多媒体教学手段，通过图片、PPT课件、实际案例来讲解分析室内软装设计尺寸和户型。
教学重点	本阶段的重点内容是掌握室内软装设计尺寸和户型。
作业要求	在本阶段的学习中，通过现场考察、收集资料等进行室内软装设计尺寸和户型的调整与应用。

1.室内软装空间最佳尺寸

（客厅）面积：20~40m²。客厅是居室的门面，所以对家具尺寸的要求是最严格的。别看虽然都是些小数据，却足以令你的客厅成为你满意的舒适协调的空间，如图7-1所示。

图7-1 客厅效果（图片来自网络）

电视组合柜的最小尺寸应该是多少？[200×50×180cm³]。对于小户型的客厅来说，电视组合柜是非常实用的，这种类型的家具一般都是由大小不同的方格组成的，上部比较适合摆放一些工艺品，柜体厚度至少要保持30 cm；而下部摆放电视的柜体厚度则至少要保持50 cm，同时在选购电视柜时也要考虑组合柜整体的高度和横宽与墙壁的面宽是否协调。长沙发或是扶手沙发的椅背应该有多高？[85～90cm]。沙发是用来满足人们的放松与休息需求的，所以舒适度是最重要的，这样的高度可以将头完全放在靠背上，让颈部得到充分放松。如果沙发的靠背和扶手过低，建议增加一个靠垫来获得舒适度，如果空间不是特别宽敞，沙发应该尽量靠墙摆放。容纳三个人的沙发搭配多大的茶几呢？[120×70×45cm³ 或 100×100×45cm³]。在沙发的体积很大或是两个长沙发摆在一起的情况下，矮茶几就是很好的选择，茶几的高度最好和沙发坐垫的位置持平。目前市场上较为流行的是低矮的方几，材质多为实木或实木贴皮的，质感较好。

补充：照明灯具距桌面的高度，白炽灯泡60w为100 cm，40w为65 cm，25w为50 cm，15w为30 cm；日光灯距桌面高度，40w为150 cm，30w为140 cm，20w为110 cm，8w为55 cm。

（餐厅）面积：10～20m²。对于长方形和椭圆形的餐桌来说这个尺寸是最合适的。现在的餐厅空间一般都为长方形的，所以大方桌及圆桌较少使用，长方型的六人餐桌是最普遍的，可以选购一些可以伸缩的餐桌，平时占面积很少，来朋友时再打开，非常实用。一个六人餐桌多大合适？[140×70cm²]。

餐桌离墙的距离应该是多少？（80 cm）。这个距离是包括椅子的宽度，以及能使就餐的人方便活动的最小距离。一般人们用餐时还是希望能有一个宽敞的空间，可以随意进出。

餐桌的标准高度为多少？（72 cm左右）。这是桌子的合适高度，一般餐椅的高度为45 cm较为舒适。目前市场上餐椅的高度有些差别，挑选时最好先试坐一下，看看是否与餐桌的高度相匹配。一张六人餐桌大约要占多大的面积？[300×300cm²]。需要为直径120 cm的桌子留出空地，同时还要为在桌子四周就餐的人留出活动的空间。这个方案适合于那种较大的餐厅。

补充：灶台一般65～70 cm，锅架离火口4 cm为宜，抽油烟机离灶台70 cm为宜。无论使用的是平底锅还是尖底锅，都应用锅架把锅撑起，以保证最大限度地利用火力。

（卧室）面积：12～30m²（见图7-02）。双人卧室的最小面积是多少呢？（12m²）。夫

图 7-2　卧室效果（图片来自网络）

妻二人的卧室不能比这更小了，在房间里除了放置床以外，还可以放一个双开门的衣柜 [120×60cm²] 和两个床头柜。在一个 3×4.5（13.5m²）的房间里可以放更大一点的衣柜或者选择小一些的双人床；如果房间更大的话，如 16m²，就可以在摆放衣柜的地方选择一个带推拉门的大衣柜。大衣柜的高度在 240 cm 左右，这个尺寸考虑到了在衣柜里能放下长一些的衣物（160 cm），并在上部留出了放换季衣物的空间（80 cm）。这个尺寸是指成型的大衣柜，如果想订做衣柜，则可以设计成到顶的衣柜，再安置一个漂亮的推拉门，既省地，又可多放很多衣物。若需容纳一张双人床、两个床头柜和衣柜的侧面，那么一面墙的距离该有多长？（400 cm 或 420 cm）。这个尺寸的墙面可以放下一张 160 cm 宽的双人床和侧面宽度为 60 cm 的衣柜，还包括床两侧的活动空间（每侧 60～70 cm），以及柜门打开时所占用的空间（60 cm）。如果衣柜采用推拉门，那么墙面可以再窄 50 cm。不过时下非常流行宽大的双人床，一般宽度可达到 200 cm 左右，所以至少也要达到这个距离。

衣柜放置于床相对应的墙边，那么两件家具之间的距离多大合适呢？（90 cm）。若想方便地打开衣柜门，而不至于被绊倒在床上，这个距离是最合适的，但大衣柜若采用推拉门，则不存在这个问题，距离可以更小点儿。

补充：床铺以略高于使用者的膝盖为宜，使上、下床感到方便。枕头的高度应与一侧肩宽相等，这样可使头略向前弯曲，颈部肌肉充分放松，呼吸保持通畅，胸部血液供应正常。但不满周岁的婴儿则以不高于 6 cm 为宜，老年人用枕头不宜过高，以免头部供血不足，如图 7-3 所示。

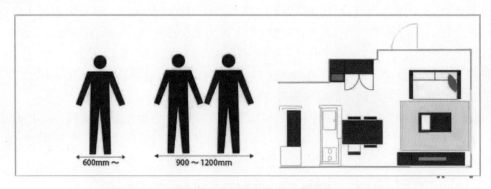

图 7-3 卧室尺寸（图片来自网络）

（1）餐厅、客厅。图 7-3 表示能够保证一个人通过的标准尺寸是 600mm，两个人同时通过则为 900～1200mm。当然这是家居的尺寸而不适用于公共建筑。那么，在图 7-4 所示案例的布局中，需要满足怎样的尺寸呢？

①从沙发到电视台：2500mm 以上，太近的距离会影响视线，当然结合屋内的实际宽度调整合适的距离是非常必要的。

②家具之间的通道：600mm 以上，这个是需要保证的最小尺寸。如果是经常利用的主通道或是有需要搬运东西的通道的话，最好能留出 800mm 以上的空间。

③从电视屏幕到视点：1300mm 以上，一般来说电视越大，这个距离就需要留得越大。37 寸屏幕的话，最好能留出 1400mm，40 英寸以 1500mm 左右为佳。

④沙发到茶几的距离：300mm 以上。

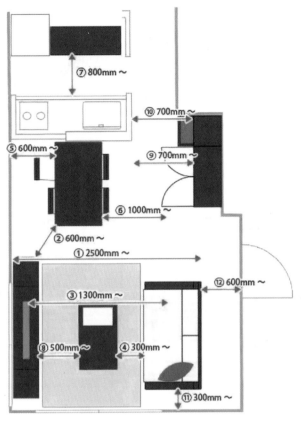

图 7-4　客、餐厅尺寸图 1（图片来自网络）

⑤椅子周边：600mm 以上（见图 7-5）。

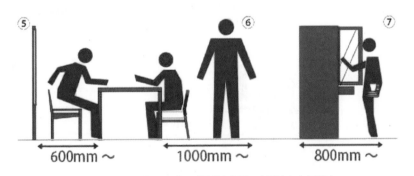

图 7-5　客、餐厅尺寸图 2（图片来自网络）

⑥椅子＋通道：1000mm 以上。

⑦厨房收纳前：800mm 以上。

⑧茶几到电视柜：500mm 以上，这是为了便于操作电视柜中的各种影音设备。另外，还要考虑人能够横着通过的最小宽度大约为 300mm，如图 7-6 所示。

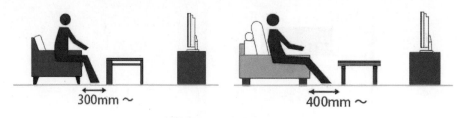

图 7-6　客、餐厅尺寸图（图片来自网络）

（2）卧室。图 7-7 中为了表示卧室的各种情况，采用了两张单人床的布局，可以看到主要有以下几点。

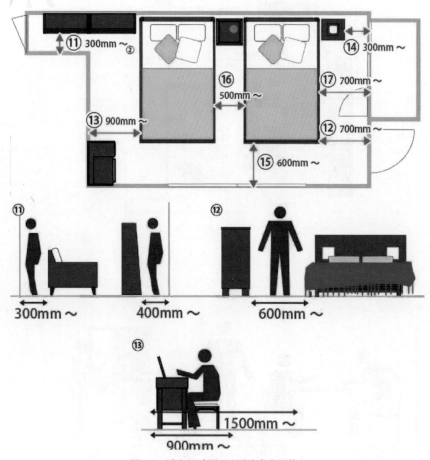

图 7-7　卧室尺寸图 1（图片来自网络）

①侧身通过的最小通道：300mm。当然，不到万不得已不建议采用这个尺寸。

②出入口、通道和床与其他家具的距离：600mm 以上。

③化妆台：900mm 以上。

④如果是两张床分开摆设的情况，床与床之间不低于 500mm，如图 7-8 所示。

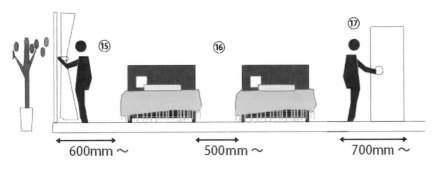

图 7-8 卧室尺寸图 2（图片来自网络）

⑤需要开启的柜门前通道：700mm 以上。

（3）厨房、卫生间。

①厨房平面布局模式：厨房的布局千变万化，归纳起来可以有如下一些布局方式。

一字形：包括封闭式和开敞式，如图 7-9 所示。

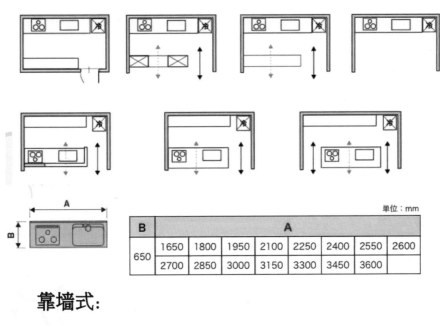

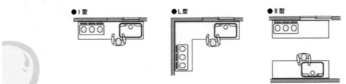

图 7-9 厨房尺寸图 1（图片来自网络）

图中 B 为宽度：650mm，当然也有更窄的，国内也有做到 550mm 甚至 500mm 左右的。不过按照目前厨具越来越大的趋势，加上考虑使用的便利性，建议做到 650mm 甚至 700mm 左右。A 是标准尺寸的长度，可以做到豪华的 3600mm。

L 型厨房：如图 7-10 所示，C 为两边操作台的进深，均为 650mm。当然如果条件不允许，做到 550mm 也是可以的。一般的布置顺序是：冰箱—水池—操作灶台，对应了一系列过程：从冰箱取菜—清洗—切—烹饪。L 型的移动空间是非常方便的，一转身就能进行下一项操作，对于使用轮椅的情况是比较理想的排布，如图 7-11 所示。

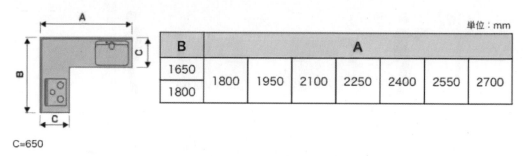

单位：mm

B	A						
1650	1800	1950	2100	2250	2400	2550	2700
1800							

C=650

图 7-10　厨房尺寸图 2（图片来自网络）

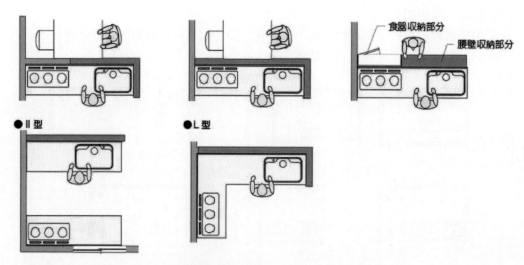

图 7-11　厨房户型图 3（图片来自网络）

对面式：对面式布局考虑到厨房与餐厅的交流，在操作台留出一定的空间作为小吧台使用，因为较宽，奢侈的以做到 900mm 以上为佳，如图 7-12 所示。

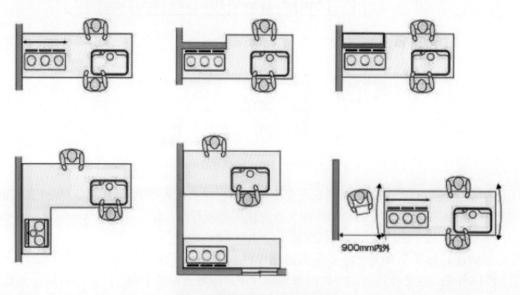

图 7-12　厨房户型图（图片来自网络）

②卫生间立面操作台布局：相对平面布局的变化多样，卫生间的立面就显得比较规格化。但是在设置操作台高度的时候，根据使用者的实际身高和使用情况选择合适的操作台高度是非常必要的。图 7-13 给出了部分身高的参照。水池的高度大约在尺寸 B 以下 100mm 左右为宜，如图 7-14 所示。

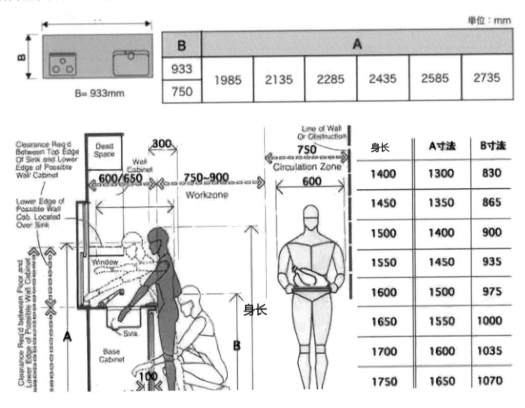

单位：mm

B	A					
933	1985	2135	2285	2435	2585	2735
750						

B=933mm

身长	A寸法	B寸法
1400	1300	830
1450	1350	865
1500	1400	900
1550	1450	935
1600	1500	975
1650	1550	1000
1700	1600	1035
1750	1650	1070

图 7-13　卫生间操作台高度与身高参照图

卫生间、淋浴、洗面台

图 7-14　卫生间户型图（图片来自网络）

如图 7-15 所示是一个常见的马桶式卫生间，其中 A 是坐在坐便器上放腿的空间，需要

400mm 以上。B 是坐便器空间，根据选择的坐便器型号不同会有所变化，但是最小尺寸为 650～750mm。右边是蹲厕，A 为蹲下时臀部后方需要的空间，最少在 200～250mm，B 为蹲厕标准尺寸 755mm。

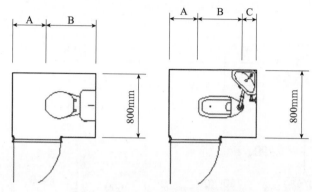

图 7-15　卫生间尺寸图（图片来自网络）

2.家具常用尺寸（mm）

柜　子

衣　柜：深　度：600～650　　衣柜门宽度：400～650
　　　　高　度：1900～2400
矮　柜：深　度：350～450　　柜门　宽度：300～600
电视柜：深　度：450～600　　高　度：600～700
酒　柜：宽　度：610～810　　高　度：1540～1620
书　柜：深　度：250～400（每一格）长　度：600～1200
下大上小型：下方深度：350～450　　高　度800～900
活动未及顶高柜：高　度：1800～2000
梳妆台：宽　度：400～600　　高　度：710～760

床

单人床：宽　度：900，1050，1200　　长　度：1800，1860，2000，2100
双人床：宽　度：1350，1500，1800　　长　度：1800，1860，2000，2100
圆　床：直　径：1860，2125，2420
床　高：450～550

沙　发

单人式：长　度：800～950　　深　度：600～800
　　　　坐垫高：350～420　　靠背高：700～900
双人式：长　度：1470～1720
三人式：长　度：2130～2440

四人式：长　度：2320～2520

带搁脚的躺椅：男　性：1520～1720

女　性：1370～1570

餐　椅

高：450～500

茶　几

小　型：（长方形）长　度：600～750

宽　度：450～600

高　度：380（最佳）～500

中　型：（长方形）长　度：1200～1350

宽　度：380～500 或 600～750

正方形：长　度：750～900

高　度：430～500

大　型：长　度：1500～1800

宽　度：600～800

高　度：330（最佳）～420

圆　形：直　径：750，900，105，120　高　度：330～420

方　形：宽　度：900，105，120，135　高　度：330～420

桌　子

书　桌：（固定式）深度：450～700（600 最佳）　高　度：750

（活动式）深度：650～800　高　度：750～780

书桌下缘离地：至少 580

长　度：最少 900，1500～1800 最佳

餐　桌：高度：750～790

西式餐桌高度：680～720　长　度：2430　宽　度：1360

一般方桌宽度：1200，900，750

长　方：二　人：700*850 /910　四　人：1350*850/910

八　人：2250*850/910

圆桌直径：二　人：500，800　四　人：910

五　人：1100　六　人：1100～1250

八　人：1300　十　人：1500

十二人：1800

餐桌转盘直径：700～800

3.室内常用尺寸（mm）

墙面尺寸：踢脚板高：80～200

墙裙高：800～1500

挂镜线高：1600～1800（画面中心距地面高度）

窗：宽：400～1800（不包括组式窗子）

窗台高：800～1200

门的常用尺寸：800～1200

餐　厅

餐桌间距应大于500（其中座椅占500）

餐桌与墙体最小间距：910～1060

椅子与墙体最小间距：450

桌面与灯距离：480～680

主通道宽：1200～1300

内部工作道宽：600～900

酒吧台高：900～1050　　宽：500

酒吧凳高：600～750

商场营业厅

单边双人走道宽：1600

双边双人走道宽：2000

双边三人走道宽：2300

双边四人走道宽：3000

营业员柜台走道宽：800

营业员货柜台：厚：600　　　　高：800～1000

单靠背立货架：厚：300～500　　高：1800～2300

双靠背立货架：厚：600～800　　高：400～1200

小商品橱窗：厚：500～800　　高：400～1200

陈列地台高：400～800

敞开式货架：400～600

放射式售货架：直径：2000

收款台：长：1600　宽：600

饭店客房

标准面积：大：25m^2　　中：16～19m^2　　　小：16m^2

床　高：400～450　　床靠高：850～950

床头柜：高：500～700　　宽：500～800

写字台：长：1100～1500　宽：450～600　高：700～750
行李台：长：910～1070　宽：500　高：400
衣　柜：宽：800～1200　高：1600～2000　深：500～600
沙　发：宽：600～800　高：350～400　靠背高：1000
衣架高：1700～1900

卫生间

面　积：3～5m²
浴缸长度：1220，1520，1680　宽：720　高：450
坐便器：750×350
冲洗器：690×350
台　盆：550×410
淋浴器高：2100
化妆台：长1350　宽450

会议室

环式高级会议室客容量：环行内线长：700～1000
环式会议室服务通道宽：600～800

交通空间

楼梯间休息平台净空间：等于或大于2100
楼梯跑道净空间：等于或大于2300
客房走廊高：等于或大于2400
两侧设座位的综合走廊宽度：等于或大于2500
楼梯扶手高：850～1100

灯具

大吊灯最小高度：2400
壁灯高：1500～1800
反光灯槽最小直径：等于或大于灯管直径2倍
壁式床头灯高：1200～1400
照明开关高：1000

办公家具

办公桌：长：1200～1600　宽：500～650　高：700～800
办公椅：高：400～450　长×宽：450×450
沙　发：宽600～800　高：350～400　靠背高：1000

茶　几：前置型：900×400×400（高）

中心型：900×900×400，700×700×400

左右型：600×400×400

书　柜：高：1800　　　宽：1200～1500　　　深：450～500

书　架：高：1800　　　宽：1000～1300　　　深：350～450

4.室外常用尺寸

树冠的大小应根据树龄按比例画出，成龄的树冠大小如下（成龄树的树冠冠径　单位：m）：

- 孤植树：10～15
- 高大乔木：5～10
- 中小乔木：3～7
- 常绿乔木：4～8
- 花灌丛：1～3
- 绿篱：单行宽度0.5～1.0　双行宽度1.0～1.5

5.手绘效果图快速表现技法常用工具

（1）自动铅笔、橡皮：0.5或者0.7铅笔（铅）+超净力白色橡皮

（2）一次性水性笔：晨光MG～2180会议笔（黑色0.5）

（3）马克笔：韩国Touch双头三代（酒精168色—常用60色）+60支装笔袋

暖灰：WG-0.5、WG-1、WG-3、WG-5、WG-8（5支）

蓝灰：BG-1、BG-3、BG-5、BG-7、BG-9（5支）

绿灰：CG-0.5、GG-1、GG-3、GG-5（4支）

绿色：167、G59、G56、G54；GY49、124、GY48、GY47、G43；171、BG57、BG51（12支）

蓝色：144、183、PB76、PB70、PB74；182、B66、PB64（8支）

黄色：Y45、Y37、Y35、Y44、Y32；YR34、YR24、YR23（8支）

红色：139、R18、R16、R15、R2、R1（6支）

紫色：145、146、P84、P83、P81；PB75（6支）

木色：107、YR21、YR97、R91、R92、R98（6支）

4.彩色铅笔：德国辉柏嘉（水溶48色）

5.彩色水性笔：12色（晨光0.5）+白色高光笔

6.作品袋、资料夹：A3作品袋+A3（P40）资料夹

7.纸张：A3（80g复印纸）；A3（A4）速写画板(夹)

6. Touch彩头168色对照表

暖色系：64色（红色：22色，橙色：12色，黄色：10色，木色：20色）

红色：22色（正红：13色；紫红：9色）

正红：（13色）131、27、139、140；28、18、7、121；12、10、11、4、1

紫红：（9色）135、136、9；8、13、5；15、3、2

橙色：12 色（正橙：8 色；红橙：3 色；莹橙：1 色）

正橙：（8 色）132、26、142；36、34；24、23、22

红橙：（3 色）133；16；14

莹橙：（1 色）122

黄色：10 色（正黄：6 色；褐黄：4 色）

正黄：（6 色）38、45；37、35；44、33

褐黄：（4 色）109、134；32；31

木色：20 色（红木：12 色；黄木：8 色）

红木：（12 色）25、107、103、97；21、96、93、91；94、95、92、98

黄木：（8 色）29、141、104；41、101、100；102、99

冷色系：72 色（紫色：23 色；蓝色：21 色；绿色：28 色）

紫色：23 色（正紫：6 色；红紫：11 色；蓝紫：3 色）

正紫：（6 色）145、146；84、83；82、81

红紫：（11 色）196、138、137、198；147、17、88、89；86、87、85

蓝紫：（3 色）75、77、73

莹紫：（3 色）126、6、125

蓝色：21 色（正蓝：10 色；绿蓝：8；天蓝：3 色）

正蓝：（10 色）171、182、144、185；183、76、70；74、71、72

绿蓝：（8 色）178、143；68、65、61；63、64、69

天蓝：（3 色）67、66、62

绿色：28 色（正绿：9 色；翠绿：5 色；黄绿：9 色；军绿：5 色）

正绿：（9 色）167、59、172；56、46、55；54、52、51

翠绿：（5 色）179、58；57、53；50

黄绿：（9 色）174、166、163；164、123（莹）、49；124、48、47

军绿：（5 色）173；169、175；43、42

灰色系：32 色（暖灰：10 色；冷灰：10 色；蓝灰：5 色；绿灰：5 色；正灰：1 色；黑色：1 色）

暖灰：（10 色）WG-0.5、WG-1、WG-2、WG-3、WG-4、WG-5、WG-6、WG-7、WG-8、WG-9

冷灰：（10 色）CG-0.5、CG-1、CG-2、CG-3、CG-4、CG-5、CG-6、CG-7、CG-8、CG-9

蓝灰：（5 色）BG-1、BG-3、BG-5、BG-7、BG-9

绿灰：（5 色）GG-1、GG-3、GG-5、GG-7、GG-9

正灰：（1 色）0

黑色：（1 色）120

实践作业

一、课堂练习（40分钟）

根据课程知识点和教师提供的户型案例，完成住宅空间效果表达图 1 张（上色）。

二、课外练习

1. 完成 A4 大小室外空间（建筑、景观）效果图（马克笔）2 张。
2. 根据所学课程知识点，参考优秀作品案例，完成 1 张（A3）自己喜欢的室内风格的室内效果图。

参考文献

[1] 刘昆.室内设计原理 [M].北京：中国水利水电出版社,2011.

[2] 陈志华.外国建筑史 [M].2 版.北京：中国建筑工业出版社,2004.

[3] 邓庆坦.图解中国近代建筑史 [M].北京：华中科技大学出版社，2009.

[4] 文健，周可亮.室内软装设计教程 [M].北京：北京交通大学出版社，2011.

[5] 范业闻.现代室内软装饰设计 [M].上海：同济大学出版社，2011.

[6] 吴家炜，李海波.设计面临的新课题——浅谈 LOFT 改造办公空间设计 [J].美术大观，2012，（8）.

[7] 约翰·派尔著.世界室内设计史 [M].刘先觉，陈文琳等译.北京：中国建筑工业出版社，2007.

[8] 王有川，周晓.手绘表现技法——室内篇 [M].上海：上海交通大学出版社，2011.

[9] 陈新生.建筑钢笔表现 [M].上海：同济大学出版社，2007.

[10] 韦爽真.园林景观快题设计 [M].北京：中国建筑工业出版社，2008

[11] 刘德来.室内手绘与设计表现 [M].江苏：江苏大学出版社，2008.

[12] 柳冠中.设计方法论 [M].北京：高等教育出版社，2011.

[13] 余肖红、李红晓.古典家具装饰图案 [M].北京：中国建筑工业出版社，2007.

[14] 周至禹.速写写生 [M].湖北长虹出版集团（湖北美术出版社），2008.

[15] 常雁来.室内设计手绘效果表现 [M].上海：上海交通大学出版社，2014.

[16] 余静赣.设计启示录 [M].福建：海峡出版社发行集团（福建科学技术出版社），2016.

[17] 尚龙勇.马克笔空间设计手绘表现 [M].上海：东华大学出版社，2014.

[18] 郑峰，韩文芳，余鲁.手绘与设计效果图快速表现技法 [M].上海：交通大学出版社，2013.

[19] 刘盛璜.人体工程学与室内设计 [M].北京：中国建筑工业出版社，2004.

[20] 孙嘉伟，傅瑜芳.室内软装设计 [M].北京：中国水利水电出版社，2014.

[21] 杨恩德，付卫东.空间陈设艺术 [M].哈尔滨：哈尔滨工程大学出版社，2009.

[22] 毕留举，方向东，丁扬.家具设计与陈设 [M].上海：上海交通大学出版社，2014

[23] 杜健，吕律谱.30 天必会室内手绘快速表现 [M].武汉：华中科技大学出版社，2014.

[24] 蒋粤闽，江依娜.室内设计手绘表现技法 [M].北京：中国建材工业出版社，2012.

[25] 张炜，周勃，吴志峰.室内设计表现技法 [M].北京：中国电力出版社，2007.

[26] 赵慧宁.马克笔建筑环境快图设计表现技法 [M].北京：北京大学出版社，2016.

[27] 李诗恕，余刚.设计透视 [M].青岛：中国海洋大学出版社，2014.

[28] 夏克梁.夏克梁手绘精品自选集 [M].天津：天津大学出版社，2011.

[29] 郑晓东，黄斌，周渝.透视学 [M].上海：上海交通大学出版社，2012.

[30] 赵军，赵慧宁.设计透视入门 [M].广西：广西美术出版社，2001.

[31] 焦俊华.透视基础知识 [M].天津：天津人民美术出版社，1996.

[32] 尚龙勇.马克笔空间设计手绘表现 [M].上海：东华大学出版社，2014.

[33] 朱淳，邵琦.造物设计史略 [M].上海：上海书店出版社，2009.

[34] 夏克梁.走进嵊州 [M].北京：红旗出版社，2020.

[35] 严建中，吴艳.软装必修实操技法 [M].南昌：江西美术出版社，2019.

[36] 殷光宇.透视 [M].杭州：中国美术学院出版社，1999.

[37] 奇普·沙利文著.景观绘画 [M].马宝昌译.大连：大连理工大学出版社，2001.

[38] 杜涛，蔡晓艳，刁晓峰.钢笔速写 [M].北京：机械工业出版社，2019.

[39] 各章节部分相关图片来源于室内中国网.中国建筑艺术网.设计之家.维基百科.http://forestlife.info/Onair/343.htm.